# 百变营养沙拉

钱多多　主编

U0274467

陕西新华出版传媒集团
陕西旅游出版社

图书在版编目（CIP）数据

百变营养沙拉 / 钱多多主编. — 西安 ：陕西旅游
出版社，2018.6
ISBN 978-7-5418-3625-1

Ⅰ．①百… Ⅱ．①钱… Ⅲ．①沙拉－菜谱 Ⅳ.
①TS972.118

中国版本图书馆 CIP 数据核字 (2018) 第 083191 号

**百变营养沙拉**　　　　　　　　　　　　　　　钱多多　主编

责任编辑：贺　姗
摄影摄像：深圳市金版文化发展股份有限公司
图文制作：深圳市金版文化发展股份有限公司
出版发行：陕西旅游出版社（西安市唐兴路 6 号　邮编：710075）
电　　话：029-85252285
经　　销：全国新华书店
印　　刷：深圳市雅佳图印刷有限公司
开　　本：787mm×1092mm　　　　1/16
印　　张：14
字　　数：220 千字
版　　次：2018 年 6 月　　第 1 版
印　　次：2018 年 6 月　　第 1 次印刷
书　　号：ISBN 978-7-5418-3625-1
定　　价：49.80 元

# 序言·PREFACE

说起沙拉，您会想到哪些词汇来描述它呢？"简单""快捷""洋气"还是"时尚"。作为营养师，每次提到沙拉，脑海里总会闪现"轻奢""百变"这些词。您会问，这看似普通的沙拉怎么还能和"轻奢""百变"挂钩呢？这可真不是什么让您脑洞大开的问题，沙拉本身具有的优势在这两个方面可真的是可圈可点。

**"轻奢"的沙拉是"轻"烹调"奢"营养的代表。**

沙拉之所以和"轻奢"匹配到一起，是因为沙拉的烹调方式极其简单，绝对是"轻"烹调的代表。沙拉的制作极简，即便是个十足的烹饪新手，小试牛刀又能让您斩获满足感的那一定就是制作各式的沙拉了。而轻烹调，绝对是时下健康餐桌的新宠。

沙拉在"轻"烹调下，丝毫不影响营养的"奢"化。沙拉极大限度地保留了食材本来的营养成分，很少经过高温的爆炒，对于食材中营养素的保留，特别是对蔬菜和水果中水溶性维生素都做到了极大限度地保护。

同时，对于制作沙拉食材的新鲜度也是"奢"要求，要求食材更新鲜、更安全。因为很多沙拉的"轻"烹调，是无需接近明火，远离高温烹调的。所以食材的新鲜、安全就显得更加重要。如果您平时就是注重养生的达人一枚，那就更清楚食物的新鲜度、安全性是健康的基础。

**"百变"沙拉，百变的组合，百变的味道。**

制作过沙拉的朋友都知道，沙拉的包容性特别强，可以在一款沙拉中呈现出多种不同的食材。随着制作原料的日益扩大和制作方法的家庭化，沙拉品种越来越繁多，组合也越来越百变。新鲜的蔬菜、各种水果、鱼类、肉类等，都可以成为沙拉的主料。即使是同种主料及几种配料，稍加变化组合，也会成为不同风味的沙拉。

沙拉形式多变，食材丰富，像极了少女梦幻的内心世界，五彩斑斓。书中结合不同的食材，给大家提供了百变的营养组合，极大限度地应用不同的食材组合成别具匠心的沙拉，去满足您的营养需求和挑剔味蕾的要求。从健康的角度出发，只有多种食物组合在一起，才能满足人体每天对各种营养素的需求。沙拉分分钟可以实现食物多样化，而且可以很好的进行色彩搭配，从颜色上也带给我们带来视觉上美的享受，刺激了食欲，满足了时下吃食物要"好色"的要求。

食材上的百变组合不仅营养而且给味蕾带来了更奢华的体验。本书，并未在传统的沙拉酱上徘徊，而是为了丰富您的味蕾，让更鲜美的味道在您的舌尖上舞蹈，书中准备了多种"看家"的秘制沙拉料汁的调配方法，让沙拉中食材的天然味道里又多增加了一份诱人的滋味，一切都是那样的灵动和耐人回味。

当您翻开这本书的时候，您会走进轻奢、百变营养沙拉的丰富世界，走进来您一定会爱上它。各式的沙拉，匹配蔬果的天然口味，搭配上诱人的酱汁，美味又健康。无论您是想要体控管理，还是要美肤养颜；无论您是想预防慢性疾病，还是吃出最强大脑，在这本书里都会找到让您惊喜的一款沙拉。

高颜值、又百变的沙拉，就是拥有着这般的健康魅力，无论是家人团聚、朋友聚会，还是一个人独处的时光，沙拉都可以成为餐桌上一道色彩艳丽的风景线。爱上生活，从爱上食材的真滋味开始，而轻奢、百变的沙拉正是这真滋味的"代言人"！

# 目录 · CONTENTS

## Part 3　如花园般缤纷的蔬果沙拉

# Part 4　充满陆地气息的肉类沙拉

# Part 5　拥有大海味道的海鲜沙拉

# Part 6　一盘就能饱腹的主食沙拉

# Part 1

# 沙拉料理的
# 准备工作

要让沙拉充满魅力，是需要掌握一些秘诀的，而且还需要工具来辅助，比如沙拉碗、切蛋器、柠檬压榨器……营养的蔬菜、鲜艳的水果……食材是沙拉料理的主角；其次，用来制作沙拉酱汁的调料也是必不可少的。

# 让沙拉充满魅力的秘诀

## 调制合适的沙拉酱汁

沙拉酱汁是做沙拉时必不可少的调料。不同类型的沙拉需要搭配不同的酱汁，如口味较重的芥末酱汁适合搭配禽肉类沙拉；香草汁和简单的油醋汁则是搭配海鲜的好选择；口感清新、味道相对单一的酱汁则更适合色彩丰富、味道多样的蔬果沙拉。

只有根据沙拉食材的口味来选择合适的沙拉酱汁才能让沙拉更美味。本书一共提供了 30 种沙拉酱汁的做法和搭配以供参考。

## 掌握加入沙拉酱汁的时机

沙拉最好是现做现吃，上桌后再倒入沙拉酱汁拌匀，才能保证沙拉良好的口感和外观。如果过早加入沙拉酱汁，则会使沙拉食材中的水分析出，尤其是蔬菜会变蔫，从而导致沙拉的口感变差。

将沙拉酱全部淋在沙拉上，开始吃沙拉时味道会非常足，但是越吃到后面，味道就会变淡，使得沙拉没那么好吃。所以可以先将 2/3 的沙拉酱汁淋在沙拉上，剩余酱汁可以边吃边添加，这样在吃的整个过程中，沙拉都可以保持一样的口感。

## 选购新鲜的食材

尽量选择新鲜的沙拉食材。对于海鲜沙拉而言，将新鲜的虾、扇贝、生蚝经过简单处理后，混合食材后，拌入沙拉酱汁，味道会更鲜美；而选择蔬果时就更要注意食材的新鲜度了，新鲜的蔬果不仅口感好，而且连颜色也更明亮艳丽。

在选购蔬果时需要注意，要尽量买成熟度一致的蔬果。在一碗沙拉中，如果有的蔬果因为成熟过头而变得松软，有的却因为青涩而坚硬无比，势必会大大降低这碗沙拉的美味度。

## 选用玻璃或陶瓷盛器

沙拉碗就是用来装沙拉的器皿。但是很多人觉得装沙拉就用我们平时所用的器具就行了。其实不然，沙拉碗是很有讲究的，首先要满足的条件是要适合搅拌，这就要求装沙拉的器皿要大口径、碗底或者盘底下凹。

沙拉碗最好选择用玻璃碗和陶瓷碗。玻璃透明的材质能突显出沙拉的丰富色彩，可以体现出食材的本色，使得沙拉具有美感；而陶瓷碗不仅耐高温，其材质也非常有质感，无论是磨砂陶瓷还是光洁的陶瓷，装上混合食材的沙拉后，十分有高级感，也使得吃沙拉成为一种视觉和味觉上的享受。

# 方便沙拉制作的工具

压蒜器

沙拉碗

刨丝器

切蛋器

柠檬压榨器

# 沙拉中常用的食材

## 青苹果

青苹果含有大量的维生素、矿物质和丰富的膳食纤维，特别是果胶等成分，十分适合用来制作沙拉。而且青苹果的果酸含量高，有美容养颜的功效。

## 柠檬

无论是柠檬果肉还是柠檬汁，都被广泛地运用在沙拉中。柠檬含有柠檬酸，被誉为"柠檬酸仓库"。柠檬富有香气，能祛除肉类、水产的腥膻之气，并使肉质细嫩，适合用于肉类沙拉和水产沙拉。柠檬酸汁有抑菌作用，不仅能起到添加酸味的作用，还对人体健康有益。

## 蓝莓

蓝莓营养丰富，不仅富含常规营养成分，而且还含有极为丰富的黄酮类和多糖类化合物，因此又被称为"浆果之王"。其果肉细腻，风味独特，酸甜适度，又具有香爽宜人的香气，能为沙拉增添一番风味。

## 薄荷叶

薄荷叶气味芳香，是一种香草，常用在蔬果沙拉中增加风味。薄荷叶含有碳水化合物、膳食纤维、核黄素、维生素C等多种营养物质。

## 圣女果

圣女果常被称为小西红柿，迷你的外形使其料理起来相当方便，只需清洗后、一刀切即可，甚至可以在清洗后直接放入沙拉中。也可以切出各种造型摆放在沙拉中，为沙拉增添色彩。火红的圣女果随意散落在绿色的蔬菜中，使得整盘沙拉颜色更丰富。

## 草莓

草莓被称作水果中的"皇后"，有着心形的面容、浓郁的香味以及多汁的果肉。在沙拉中使用，不仅能增添沙拉色彩，而且能为沙拉带来多种营养元素。选购时，宜挑选全果鲜红均匀、色泽鲜亮、含有浓厚果香气味的草莓。

## 紫叶生菜

紫叶生菜极富营养价值，它含有花青素、胡萝卜素、维生素 C、维生素 $B_1$、维生素 $B_2$、维生素 $B_6$，还含有丰富的矿物质，如磷、钙、钾、镁等，也含有少量的铜、铁、锌、硒。食用后可以帮助人体消化，改善肠道健康，还有抗衰老和抗癌的功能。其营养价值高于普通生菜。

## 豌豆

豌豆是含铜、铬等微量元素较多的蔬菜。铜有利于造血以及骨骼和脑的发育；铬有利于糖和脂肪的代谢，能维持胰岛素的正常功能。豌豆中所含的胆碱、蛋氨酸有助于防止动脉硬化；而且新鲜豌豆所含的维生素 C，在所有鲜豆中名列榜首。

## 樱桃萝卜

樱桃萝卜是一种小型萝卜，因为其外表鲜红，貌似樱桃，所以叫做樱桃萝卜。樱桃萝卜细嫩、多汁，色泽美观，经常用于沙拉中点缀颜色；在肉类沙拉中也常用樱桃萝卜来解腻。

## 紫甘蓝

紫甘蓝又叫紫包菜，叶片紫红，含有丰富的营养成分。紫甘蓝中含有的胡萝卜素和维生素C都是很好的抗氧化剂，有助于细胞的更新，具有延缓衰老的功效，经常食用紫甘蓝可以让人有活力。紫甘蓝中的膳食纤维也非常丰富，常食用可以促进肠道蠕动、降低胆固醇水平。紫甘蓝在沙拉中常常用于生吃，因为生吃可以最大程度保持其营养成分。

## 苦菊

苦菊是沙拉中常用的蔬菜，经常用来搭配肉类沙拉和蔬果沙拉，甜中带有微微的苦味，吃起来清甜脆爽。苦菊中含有丰富的胡萝卜素、维生素C以及钾、钙等矿物质，有抗菌、消炎和解暑的作用。

## 芝麻菜

芝麻菜又叫火箭菜。细细咀嚼芝麻菜会有一股浓郁的芝麻香味，在制作沙拉时主要使用其嫩叶。芝麻菜具有特殊的香气而且带些苦味，其含有丰富的植物营养素和矿物质，制作沙拉时生吃最好。

## 豌豆苗

豌豆苗叶色翠绿，叶肉厚，纤维少，梢叶嫩，具有豌豆的清香味，口感脆爽，是沙拉中常用的蔬菜之一。豌豆苗还含有较为丰富的膳食纤维，常食可防止便秘，有清肠作用。

## 彩椒

彩椒主要有红、黄、绿三种。彩椒果大肉厚，汁多甜脆，色泽鲜亮，闻起来有瓜果的香味。将彩椒作为沙拉的配料，不仅能增添色彩、促进食欲，还能舒缓压力。

## 洋葱

洋葱外边包着一层薄薄的
皮，里面是一层层白色或淡黄
色的肉，常见的洋葱品种有红
皮洋葱、紫皮洋葱和白皮洋葱。
其中紫皮洋葱的味道更为浓郁，
颜色也更好看，可以为沙拉增
添色彩。而白皮洋葱则更多地
用于调味或作菜肴的配料。

## 番茄

番茄富含多种营养成分，口感酸甜，颜色红艳，
经常用于沙拉制作中，尤其是放入绿色沙拉中，番茄
能使沙拉变得色彩丰富，诱人享用。有了它，沙拉在
风味与颜色上都更添了一丝色彩。

## 生菜

宽大平整的叶面、脆嫩
爽口的口感，使得生菜深受
人们的喜爱。生菜是沙拉中
常用的食材，不仅看着美观，
而且尝起来口感好。将生菜
撕成小块夹在三明治中食
用，味道也非常棒。

## 卷心菜

卷心菜又叫包菜、结球甘蓝，是一种水分多而热量低的蔬菜。卷心菜除了有抗氧化的功效外，还富含叶酸，尤其适合贫血和怀孕的人食用。卷心菜中还含有维生素U，对治疗胃病和保护黏膜细胞十分有效。卷心菜在沙拉中大多数也是生食。

## 香芹

香芹又叫芫荽，可作西餐的装饰菜或调料，还可供生食。其叶片大多用作香辛调味用，可作蔬果沙拉的装饰及调香，也可以用作肉类沙拉的香草。

## 罗勒

罗勒又叫九层塔，是一种芳香植物。罗勒具有强大、刺激的香气，在制作沙拉酱汁时可以用来调味，在沙拉中也可以加入少量罗勒，尤其是肉类沙拉，加入罗勒可以很好地发挥肉类的香气。

## 牛油果

牛油果又叫鳄梨，是沙拉中最常用的水果之一，这不仅是因为牛油果绿色的果肉可以让沙拉更好看，而且牛油果含有的营养价值也很高。口感软糯的牛油果含有维生素E、维生素C等抗氧化素和钠、钾、镁、钙等矿物质。

## 坚果

坚果是植物的精华部分，含蛋白质、油脂、矿物质、维生素较高。人体每日需要约25克坚果，将坚果加入沙拉中，可以补充人体每日坚果需求。沙拉中常用的坚果有核桃仁、杏仁、腰果、花生仁等。

## 黑橄榄

黑橄榄又叫油橄榄，其果实富含维生素C和钙质。黑橄榄在西餐中常被用作辅料。制作沙拉时，放入黑橄榄不仅可以使色彩更丰富，还能增加食物营养。

# 让沙拉更美味的调料

## 巴萨米克醋

又叫摩德纳黑醋，是意大利的传统调味醋，由煮过的葡萄汁发酵而成。

## 白酒醋

又叫白葡萄酒醋，是由白葡萄酒酿制而成的食用醋。

## 红酒醋

又叫红葡萄酒醋，是由红葡萄酒酿制而成的食用醋。

## 葡萄籽油

是一种优质的食用油脂，从葡萄籽中提取，可以作为家庭常备健康用油的选择之一。

## 芥末籽酱

是用水加芥末籽和食醋一起发酵而成的酱料，带有颗粒状的芥末籽，味道酸甜。

## 黄芥末酱

中式黄芥末酱，是由芥末籽磨成粉发制后再加入植物油、白糖、味精、精盐等调配而成的。

## 黑胡椒碎

其味辛辣，带有特殊香味，是最常用的调味品之一。

## 青芥末酱

一种日式芥末酱，是由山葵根碾磨成细泥状的山葵酱，味道清爽，有淡淡的辣味。

## 蛋黄酱

由食用植物油脂、食醋、果汁、蛋黄、香草料等调制而成，色泽淡黄，柔软适度，清香爽口，回味浓厚。

## 红咖喱酱

由红辣椒、大蒜和香辛料做成的红咖喱酱，不仅颜色红艳，其味道也十分鲜香。

## 牛油果油

又叫鳄梨油，是从牛油果中提取出来的未精炼的呈深绿色的油，渗透能力强，富含多种植物油性物质。

## 第戎芥末酱

是法国酱料的一种，颜色淡黄的第戎芥末酱，口感细腻且带有微微咸味。

## 干牛至叶

常见的香草，具有特殊香气，微辛味中带有淡淡苦味。因常用在披萨中调味，所以又叫披萨草。

## 干迷迭香

常见的香草，香味浓郁，清甜中带有松木的香气和风味，甜中带有苦味。

# Part 2

# 独具"酱"心的
# 沙拉酱汁

坚果、蜂蜜、柠檬、酸奶、牛油果、香橙……

大蒜、洋葱、罗勒、薄荷、小黄瓜、香芹……

芥末籽酱、红咖喱酱、蛋黄酱、白酒醋……

用水果、蔬菜和调料这三者碰撞出的具有特色的沙拉
酱汁，种类丰富，口味独特，为每一道精致、华丽的沙拉
点缀上浓墨重彩的一笔。

# 苹果酒蜂蜜汁

## 材料

苹果酒醋 15 毫升

蜂蜜 10 毫升

柠檬汁 30 毫升

橄榄油 60 毫升

盐少许

## 做法

1. 将苹果酒醋倒入碗中，加入蜂蜜、柠檬汁、橄榄油混合。

2. 再加入少许盐，搅拌均匀即可。

# 经典莱姆沙拉汁

**材料**

莱姆 160 克
橄榄油 90 毫升
果糖 30 克
盐适量

**做法**

1. 用柠檬榨汁器将莱姆榨成汁。
2. 将橄榄油、果糖加入莱姆汁中搅拌至完全融合。
3. 加入适量的盐调味拌匀即可。

# 坚果酱

## 材料

核桃仁 35 克
松子 35 克
橄榄油 30 毫升
柠檬汁 15 毫升
帕玛森奶酪 10 克
黄芥末酱 3 克
蒜蓉 3 克
黑胡椒碎少许
盐少许

## 做法

1. 将核桃仁和松子一起放入密封袋中，用擀面杖碾成坚果碎。

2. 在坚果碎中加入橄榄油，再倒入柠檬汁，搅拌均匀。

3. 再放入奶酪、黄芥末酱和蒜蓉，慢慢搅动，拌匀。

4. 加入黑胡椒碎和盐调味，拌匀即可。

# 香橙味汁

**材料**

橙皮 30 克

洋葱 60 克

大蒜 2 瓣

橙汁 90 毫升

柠檬汁 30 毫升

葡萄籽油 30 毫升

盐适量

**做法**

1. 橙皮洗净，擦干水分，切成橙皮丝。

2. 洋葱切成洋葱末；大蒜切成蒜末。

3. 将橙皮丝、洋葱末、蒜末一起装入碗中。

4. 再加入橙汁、柠檬汁、葡萄籽油和适量盐。

5. 将材料搅拌均匀即可。

# 低脂酸奶沙拉酱

**材料**

原味酸奶 200 毫升
低脂牛奶 50 毫升
米醋 15 毫升
白胡椒粉少许

**做法**

1. 将低脂牛奶倒入原味酸奶中。
2. 加入米醋和白胡椒粉。
3. 搅拌均匀，直至所有材料完全混合。

# 小黄瓜优格

## 材料

小黄瓜 1 根
优格 150 毫升
柠檬汁 5 毫升
薄荷叶 5 克
盐少许

## 做法

1. 将小黄瓜洗净，切成碎末；薄荷叶洗净，切碎。

2. 在黄瓜粒中拌入薄荷叶、优格、柠檬汁和少许盐。

3. 将材料充分搅拌均匀即可。

# 酸甜法式芥末酱

**材料**

第戎芥末酱100克

柠檬1个

蜂蜜50毫升

**做法**

1. 将柠檬榨取出柠檬汁，倒入第戎芥末酱中。

2. 再加入蜂蜜，充分搅拌均匀即可。

# 经典美乃滋

## 材料

鸡蛋黄 2 个
玉米油 150 毫升
白醋 30 毫升
第戎芥末酱 10 克
白胡椒粉 5 克
盐 5 克

## 做法

1. 将第戎芥末酱、盐、白胡椒粉倒入装有蛋黄的碗中，搅拌均匀。

2. 加入 30 毫升玉米油，搅拌至蛋黄与玉米油融为一体。

3. 继续添入 30 毫升玉米油，搅拌，直到蛋黄与玉米油融为一体。

4. 待沙拉酱变得浓稠后，加入 15 毫升白醋，再添入 30 毫升玉米油，继续搅拌至融合。

5. 待沙拉酱再次变得浓稠，此时可加入剩余的 15 毫升白醋，稀释沙拉酱。

6. 再加入剩余的玉米油，继续搅拌至酱汁浓稠即可。

# 酱油芥末汁

## 材料

酱油 90 毫升
海带高汤 90 毫升
芥末籽酱 5 克
大蒜末 10 克
洋葱块 10 克
柠檬汁 10 毫升
白胡椒粒 12 个
干辣椒 2 根

## 做法

1. 将酱油、海带高汤、大蒜末、洋葱块、白胡椒粒和干辣椒一起放入锅中。
2. 开火煮至沸腾，盛出。
3. 放凉后滤去渣滓。
4. 再加入芥末籽酱和柠檬汁，拌匀即可。

松子酱

**材料**

松子 80 克
海带高汤 100 毫升
蜂蜜 6 毫升
盐少许
黑胡椒碎少许

**做法**

1. 小火烧热锅，倒入松子，翻炒至表面微黄后盛出。

2. 将海带高汤、蜂蜜、松子、盐和黑胡椒碎倒入搅拌机中。

3. 搅打均匀，倒出即可。

# 柠檬薄荷沙拉汁

**材料**

柠檬汁 60 毫升
橄榄油 60 毫升
薄荷叶 20 克
盐少许

**做法**

1.将薄荷叶洗净后切成末。

2.将柠檬汁和橄榄油混合，
再放入薄荷末和少许盐。

3.将材料搅拌至完全混合
即可。

# 蜂蜜芥末酱

**材料**

经典美乃滋 60 克

芥末籽酱 45 克

蜂蜜 45 毫升

柠檬汁 45 毫升

**做法**

1. 往柠檬汁中倒入蜂蜜，轻轻拌匀。

2. 再加入芥末籽酱和美乃滋，用手动打蛋器搅拌至完全混合即可。

# 智利油醋汁

**材料**

橄榄油 120 毫升
红酒醋 30 毫升
芹菜叶 45 克
大蒜 15 克
干辣椒 8 克
盐少许
黑胡椒碎少许

**做法**

1. 将大蒜压成蒜蓉；干辣椒切末。
2. 将芹菜叶洗净，切末。
3. 红酒醋中放入蒜蓉和干辣椒碎，拌匀。
4. 再加入橄榄油和芹菜叶末，搅拌均匀。
5. 放入黑胡椒碎和盐调味即可。

# 莱姆酱油沙拉汁

**材料**

莱姆汁 60 毫升

酱油 5 毫升

洋葱 30 克

香菜 10 克

辣椒粉少许

**做法**

1. 洋葱洗净后切成末；香菜洗净后切成碎。

2. 将莱姆汁和酱油混合，轻轻拌匀。

3. 再倒入洋葱末、香菜碎和少许辣椒粉，搅拌均匀即可。

# 大蒜蛋黄酱

## 材料

橄榄油 225 毫升
大蒜 3 个
鸡蛋黄 2 个
柠檬汁 10 毫升
白胡椒粉少许
盐少许

## 做法

1. 将大蒜掰成蒜瓣，放在锡纸上，淋上 25 毫升橄榄油，放入 200℃的烤箱中烤制 20 分钟。

2. 取出烤好的蒜瓣，去皮后切成蒜泥。

3. 在蒜泥中加入蛋黄、柠檬汁、白胡椒粉和盐，搅拌均匀。

4. 将剩余的橄榄油分 4 次加入，每加一次橄榄油，搅拌 30 秒，直至所有材料完全混合即成。

# 牛油果沙拉酱

## 材料

牛油果 1 个
柠檬汁 20 毫升
洋葱 20 克
蛋黄酱 10 克
盐少许
黑胡椒碎少许

## 做法

1. 将牛油果切开，用勺子挖出果肉。
2. 将牛油果肉、柠檬汁、洋葱、蛋黄酱倒入搅拌机中搅拌。
3. 将拌好的酱倒入玻璃碗中，加入盐和黑胡椒碎调味即可。

# 红酒巴萨米克醋汁

**材料**

红酒 40 毫升

巴萨米克醋 20 毫升

蜂蜜 15 毫升

柠檬 1 个

生姜末 5 克

盐 3 克

**做法**

1. 柠檬洗净后擦干表面水分，刨取柠檬皮碎。

2. 将红酒加入到柠檬皮末中，再倒入巴萨米克醋，放入蜂蜜和生姜末，搅拌均匀。

3. 再加入盐拌匀即可。

# 优格美乃滋

**材料**

原味优格 200 毫升

经典美乃滋 50 克

柠檬汁 10 毫升

白兰地 5 毫升

蜂蜜 10 毫升

**做法**

1.将原味优格倒入碗中。

2.将经典美乃滋加入原味优格中混合均匀。

3.再加入柠檬汁、白兰地和蜂蜜，拌匀即可。

# 塔塔酱

## 材料

经典美乃滋 150 克
鸡蛋 1 个
俄式酸黄瓜 1 根
洋葱 10 克
欧芹 10 克
白胡椒粉少许
盐少许

## 做法

1. 将鸡蛋放入沸水锅中煮
熟成白煮蛋。

2. 捞出鸡蛋，待凉，剥壳
后切碎。

3. 将俄式酸黄瓜切成碎；
欧芹洗净，切碎。

4. 洋葱洗净，切成碎末。

5. 在经典美乃滋中加入鸡
蛋碎、俄式酸黄瓜碎、欧
芹碎和洋葱碎，搅拌均匀。

6. 往材料中再加入少许白
胡椒粉和盐调味即可。

# 柠檬醋汁

## 材料

柠檬 1 个
苹果醋 20 毫升
米酒 10 毫升
橄榄油 50 毫升
白糖 15 克
盐 5 克

## 做法

1. 用柠檬榨汁器将柠檬榨汁，备用。
2. 在柠檬汁中添入米酒与苹果醋，搅拌均匀。
3. 将盐、白糖加入其中，搅拌至全部溶解。
4. 将橄榄油加入，用手动打蛋器搅拌均匀。

# 黄油咖喱酱

**材料**

黄油 90 克
洋葱碎 45 克
咖喱粉 15 克
纯净水 30 毫升

**做法**

1. 将黄油放入锅中，开小
火使其熔化。

2. 锅中加入洋葱碎，翻炒
片刻。

3. 再倒入咖喱粉和纯净水，
搅拌均匀。

4. 稍煮片刻至收汁即可。

# 千岛酱

**材料**

经典美乃滋 150 克

番茄酱 50 克

俄式酸黄瓜 1 根

**做法**

1. 将俄式酸黄瓜切成粒。

2. 将番茄酱倒入经典美乃滋中，搅拌均匀。

3. 再加入俄式酸黄瓜粒，轻轻拌匀即可。

# 酱油巴萨米克醋汁

## 材料

酱油 30 毫升
巴萨米克醋 45 毫升
芥花籽油 20 毫升
芝麻油 20 毫升
蜂蜜 20 毫升
香菜 30 克
生姜 3 克
黑胡椒少许
盐少许

## 做法

1. 香菜洗净后切成末；生姜切成末。

2. 将酱油、巴萨米克醋、芥花籽油、芝麻油和蜂蜜混合在一起。

3. 再倒入生姜末和香菜末。

4. 放入少许盐和黑胡椒碎，搅拌均匀即可。

# 柠檬芥末汁

## 材料

橄榄油 75 毫升

柠檬汁 15 毫升

芥末籽酱 5 克

蒜蓉 5 克

蜂蜜 5 毫升

盐少许

## 做法

1. 往橄榄油中倒入柠檬汁和蜂蜜，搅拌均匀。

2. 再倒入蒜蓉和芥末籽酱，放入适量盐，把所有材料搅拌至完全混合即可。

# 简易柠檬沙拉汁

**材料**

柠檬 1 个
橄榄油 30 毫升
盐少许
黑胡椒碎少许

**做法**

1. 柠檬洗净，擦干表面水分，用刨丝刀刨出柠檬皮碎。

2. 再将柠檬对半切开，榨取柠檬汁。

3. 将柠檬皮碎倒入碗中，倒入柠檬汁和橄榄油，搅拌均匀。

4. 再加入少许盐和黑胡椒碎调味即可。

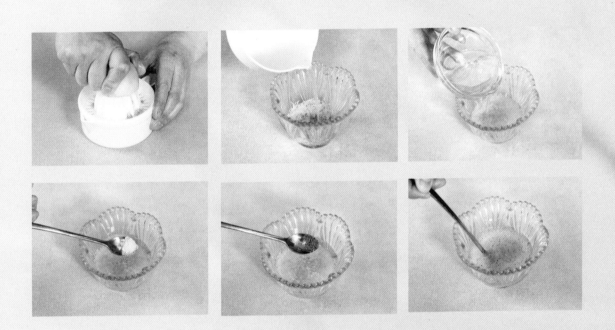

# 香草沙拉汁

## 材料

香菜 120 克

香芹 60 克

罗勒 30 克

大蒜 1 瓣

白酒醋 25 毫升

橄榄油 25 毫升

芥花籽油 8 毫升

盐少许

黑胡椒碎少许

## 做法

1. 将香菜、香芹和罗勒洗净后均切成碎末，混合成香草碎。

2. 将大蒜去皮，用压蒜器压成蒜蓉。

3. 将香草碎和蒜蓉放入容器中，加入白酒醋、橄榄油和芥花籽油，搅拌均匀。

4. 再放入盐和黑胡椒碎调味即可。

# 香草醋汁

**材料**

白酒醋 120 毫升

橄榄油 20 毫升

橙子半个

干牛至叶 3 克

干迷迭香 3 克

盐少许

**做法**

1. 将橙子用压榨器榨取橙汁。

2. 将橙子汁、白酒醋、干牛至叶和干迷迭香一起倒入锅中，小火煮 5 分钟。

3. 盛出后放凉，滤掉渣滓。

4. 加入橄榄油和少许盐，搅拌均匀即可。

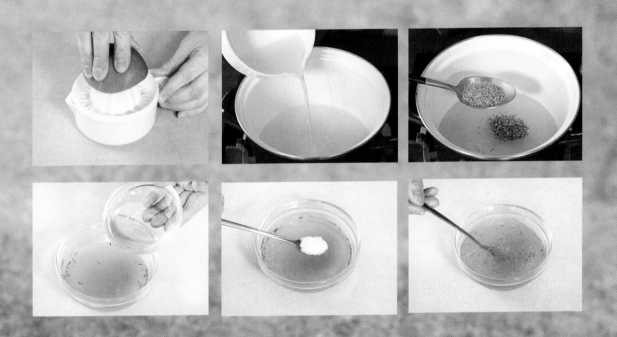

# 咖喱优格酱

## 材料

优格 90 毫升
椰子汁 160 毫升
红咖喱酱 10 克
柠檬汁 30 毫升
生姜 8 克
大蒜 1 瓣
橄榄油少许
盐少许
白胡椒粉少许

## 做法

1. 将生姜切成末；大蒜用压蒜器压成蒜蓉。

2. 锅内倒入少许橄榄油，倒入姜末和蒜末，小火炒 1 分钟，再倒入红咖喱酱炒 1 分钟。

3. 放入椰子汁，转成中火熬约 10 分钟。

4. 盛出后放凉，加入柠檬汁、优格一起搅拌均匀。

5. 最后加盐和白胡椒粉调味即可。

# 芝麻花生酱

**材料**

芝麻酱 30 克
花生酱 30 克
生抽 30 毫升
白糖 15 克
白芝麻 10 克
温开水 50 毫升

**做法**

1. 将芝麻酱和花生酱一起装入碗中，加入温开水搅拌至化开。

2. 倒入生抽、白糖，搅拌至白糖全部溶化。

3. 撒上白芝麻，拌匀即可。

# 意大利油醋汁

## 材料

橄榄油 150 毫升
苹果醋 50 毫升
第戎芥末酱 5 克
盐适量
黑胡椒碎适量

## 做法

1. 将苹果醋倒入第戎芥末酱中，用手动搅拌器搅拌均匀。

2. 加入橄榄油，拌匀。

3. 加入适量盐和黑胡椒碎，拌匀即可。

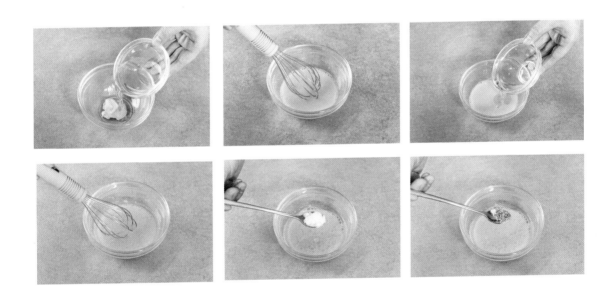

# Part 3

# 如花园般缤纷的
# 蔬果沙拉

红色的草莓、番茄，绿色的牛油果、生菜，黄色的甜橙、胡萝卜，蓝紫色的蓝莓、紫甘蓝……

将这些色彩缤纷的蔬果放在一个碗中，混合搅拌，再加入一些清新爽口的酱汁，如彩虹般的蔬果沙拉就做好啦！

# 彩虹水果沙拉

• 低脂酸奶沙拉酱

**材料**

青苹果 50 克

橙子 50 克

蓝莓 50 克

梨 50 克

石榴籽 15 克

## ●美味小秘密

在选购时，最好选择皮层轻薄，果肉饱满，富有弹性的橙子。

## 做法

1. 青苹果洗净，去核，切块；甜橙洗净，去皮，切块。

2. 蓝莓洗净；梨洗净，去皮、去核后切小块。

3. 将青苹果块、橙子块、梨块和蓝莓一起装入碗中。

4. 撒上石榴籽，拌入低脂酸奶沙拉酱即可。

## ●营养小知识

橙子是膳食中维生素 C 的良好来源，具有很好的抗氧化作用，可提高肌体免疫力，还可以使难以吸收的三价铁还原为易吸收的二价铁，从而促进身体中铁的吸收。

# 苹果葡萄柚沙拉

• 经典莱姆沙拉汁

**材料**

青苹果 80 克

葡萄柚 100 克

核桃仁 30 克

球生菜 20 克

**● 美味小秘密**

核桃仁只需用手掰成两块即可，以免太碎而影响口感。

**做法**

1. 青苹果去皮，洗净，去核，切小块，备用。

2. 葡萄柚去皮，切成小块，备用。

3. 球生菜洗净，撕成块，备用。

4. 将青苹果块、葡萄柚块、球生菜一起放入碗中。

5. 撒上核桃仁，淋上经典莱姆沙拉汁即可。

**●营养小知识**

葡萄柚除了有柑橘类的共性营养价值外，还含有丰富的番茄红素。番茄红素具有很好的抗氧化和美肤的作用。

# 莲雾奶酪沙拉

 柠檬醋汁

扫一扫，看视频

## 材料

莲雾 80 克
芝麻菜 50 克
奶酪碎 15 克
核桃仁 10 克

## ●美味小秘密

这道菜选用的是质地稍柔软的奶酪，拌匀沙拉时奶酪的味道与芝麻菜结合在一起，香味更浓郁。

## 做法

1. 莲雾洗净，切块。

2. 芝麻菜用清水洗净，沥干水分。

3. 将芝麻菜、莲雾、核桃仁、奶酪碎放入沙拉碗中。

4. 淋上柠檬醋汁，拌匀即可。

## ●营养小知识

莲雾中富含丰富的维生素 C、维生素 $B_2$、维生素 $B_6$，以及钙、镁、铁、锌等矿物质，还含有较多的水分，可以帮助消化、生津止渴。

# 苦菊水果沙拉

• 简易柠檬沙拉汁

## 材料

苦菊 50 克

橙子 70 克

香蕉 70 克

石榴籽 30 克

杏仁碎 10 克

### ●美味小秘密

选购石榴的时候，黄皮石榴比红皮石榴甜，外形有棱角的比圆形的甜。

## 做法

1. 橙子去皮，切块；香蕉去皮，切片。

2. 苦菊、石榴籽均洗净，备用。

3. 将橙子块、香蕉片、苦菊、石榴籽一起装在盘中。

4. 撒上杏仁碎，淋上简易柠檬沙拉汁即可。

### ●营养小知识

香蕉香味浓郁，果肉软滑，味道香甜。香蕉营养高，含有丰富的钾、镁等矿物质和胡萝卜素等营养成分。

# 华尔道夫沙拉

经典美乃滋

## 材料

青苹果 1 个
红提 50 克
西芹 30 克
核桃仁 30 克
杏仁片 20 克
罗勒适量
盐适量

## 做法

1. 青苹果洗净后去核，切小块，用盐水浸泡。

2. 红提洗净后对半切开，去掉籽；罗勒清洗干净，切碎备用。

3. 西芹去掉叶子，将西芹梗洗净，切斜刀片。

4. 锅中注水烧开，倒入西芹片，焯煮片刻后盛出，放入冰水中。

5. 将青苹果块、红提、西芹片一起装入盘中，再撒上杏仁片、核桃仁和罗勒碎。

6. 食用时，拌入经典美乃滋即可。

### ● 美味小秘密

制作沙拉的青苹果要求新鲜、饱满，所以选购青苹果时应仔细观察青苹果外观形态。

### ● 营养小知识

红提含有 17% 以上的葡萄糖和果糖，0.5%~1.5% 的苹果酸、酒石酸、柠檬酸等，还含有丰富的钾、钙、钠、锰等人体所必需的微量元素。

# 卷心菜菠萝沙拉

香橙味汁

## 材料

卷心菜 100 克
菠萝肉 80 克
番茄 50 克
盐适量

## 做法

1. 卷心菜洗净，切块；番茄洗净，去蒂，切小块。

2. 菠萝切成小块，浸泡在盐水中。

3. 锅中注水烧开，放入卷心菜块，焯煮片刻后捞出过凉，备用。

4. 将卷心菜块、番茄块和菠萝块一起放入盘中，淋上香橙味汁即可。

● 美味小秘密

挑选番茄时，选择较硬的番茄会更好，相比完全成熟的番茄，硬一点的番茄的汁水会少一些，更适合用来做这道沙拉。

● 营养小知识

番茄富含丰富的番茄红素，番茄红素本身具有很好的抗氧化能力，具有美肤的功效。番茄红素的含量与番茄的成熟度成正比。

# 甜橙番茄沙拉

• 经典莱姆沙拉汁

## 材料

橙子 60 克
牛油果 50 克
番茄 50 克
芝麻菜 30 克
奶酪 20 克

### ● 美味小秘密

用硬质奶酪，如马苏里拉奶酪来做沙拉，口感更好。

## 做法

1. 番茄洗净切片；牛油果洗净，去皮后切块。
2. 橙子洗净，去皮后切小块；芝麻菜洗净。
3. 奶酪切成小粒。
4. 将所有食材一起装入盘中，淋上经典莱姆沙拉汁即可。

### ● 营养小知识

牛油果是水果中高热量的水果代表，脂肪含量约 15%，虽然脂肪含量高，但所含的脂肪酸以单不饱和脂肪酸为主，经常食用有利于心血管的健康。

# 西蓝花坚果沙拉

•红酒巴萨米克醋汁

## 材料

西蓝花 200 克
杏干 20 克
杏仁片 30 克
核桃仁 20 克
巴旦木 30 克

### ●美味小秘密

使用西蓝花这样较硬的食材制作沙拉时，淋上沙拉酱后可静静放置 5 分钟左右再享用会更有味。

## 做法

1. 杏干用刀随意切几刀。
2. 西蓝花洗净后切成块，放入沸水锅中焯煮至熟。
3. 捞出后沥干水分，备用。
4 在沙拉碗中倒入西蓝花，杏干、杏仁片、核桃仁和巴旦木。
5. 淋上红酒巴萨米克醋汁，拌匀即可。

### ●营养小知识

西蓝花本身营养价值高，热量低，其中含有丰富的水分、胡萝卜素、钾、镁、异硫氰酸盐等多种对人体有益的营养成分。

# 花菜沙拉

经典美乃滋

**材料**

花菜 100 克
番茄 1 个
黄瓜 50 克
薄荷叶 10 克

## ●美味小秘密

黄瓜尾部含有较多的苦味素，处理时不要将尾部全部丢弃。

**做法**

1. 将番茄、黄瓜均洗净，切成丁。

2. 薄荷叶洗净，沥干水分，切成段。

3. 将花菜放入沸水锅中焯煮成熟，捞出，放凉后切成碎。

4. 将花菜碎放凉后与番茄丁、黄瓜丁和薄荷叶一起放入碗中。

5. 淋上经典美乃滋即可。

## ●营养小知识

花菜与西兰花一样，都是营养价值高热量低的优质健康食材。由于其热量低，营养密度高，特别适合瘦身及"三高"人群食用。

# 烤蔬菜沙拉

• 柠檬薄荷沙拉汁

**材料**

番茄 80 克　　　　青彩椒 30 克

洋葱 40 克　　　　黑橄榄 10 克

口蘑 3 个　　　　水煮蛋 1 个

青尖椒 1 个　　　橄榄油适量

红彩椒 30 克

### ● 美味小秘密

鸡蛋煮熟后应立刻放入冷水中浸泡，因为冷却后会更容易剥壳。

**做法**

1. 番茄洗净，切成大块；红彩椒和青彩椒均洗净，切成块；洋葱去皮，切成丝。

2. 青尖椒洗净，切圈；口蘑洗净，对半切开。

3. 黑橄榄切成圈；水煮蛋用切蛋器切成瓣。

4. 将处理好的蔬菜放入烤盘中，淋入适量橄榄油。

5. 烤箱预热至 180℃，将烤盘放进烤箱烤 15 分钟。

6. 取出烤盘，将蔬菜盛入盘中；倒入水煮蛋和黑橄榄圈，淋上柠檬薄荷沙拉汁，拌匀即可。

### ● 营养小知识

洋葱中不仅富含维生素 C、叶酸、钾、锌、硒及膳食纤维，还有槲皮素和前列腺素 A 这两种特殊营养物质，能降血压、预防血栓形成。

# 混合蔬菜沙拉

•红酒巴萨米克醋汁

**材料**

紫甘蓝 40 克　　黄彩椒 30 克

紫叶生菜 40 克　洋葱 30 克

生菜 40 克

苦菊 40 克

西洋菜 40 克

### ●美味小秘密

如果不喜欢食用其中的一种蔬菜，可以去掉或者换成自己喜爱的蔬菜。

### ●营养小知识

西洋菜又叫豆瓣菜，中国南方食用较多，西洋菜含有的主要营养素有维生素C、膳食纤维以及钙、磷、镁、钾等。

**做法**

1. 紫甘蓝洗净，切块。

2. 生菜、苦菊均洗净，撕成块。

3. 西洋菜、紫叶生菜均洗净，备用。

4. 黄彩椒洗净，切成片；洋葱洗净，切丝。

5. 将所有食材放入盘中，淋上红酒巴萨米克醋汁即可。

# 三丝蔬菜沙拉

小黄瓜优格

**材料**

卷心菜 50 克
紫甘蓝 40 克
胡萝卜 30 克
黄瓜 20 克
圣女果 20 克

**做法**

1. 卷心菜、紫甘蓝分别洗净，切丝；胡萝卜洗净，去皮，切丝。

2. 黄瓜洗净，切丁；圣女果洗净，对半切开。

3. 将切好的材料装入盘中，淋上小黄瓜优格即可。

●**营养小知识**

胡萝卜富含胡萝卜素，还含维生素 $B_1$、维生素 $B_2$、钙、磷等营养成分，经常食用这道沙拉能够增强机体的免疫功能。

# 杂蔬沙拉

简易柠檬沙拉汁

## 材料

生菜 40 克
紫甘蓝 40 克
卷心菜 30 克
圣女果 60 克
樱桃萝卜 30 克
胡萝卜 60 克

### ●美味小秘密

选购樱桃萝卜时，应选择大小均匀，根形圆整的为佳。

## 做法

1. 生菜洗净，用手撕成块。
2. 卷心菜、紫甘蓝洗净后，分别切成丝。
3. 圣女果洗净，对半切开；樱桃萝卜洗净，切成片。
4. 胡萝卜洗净，去皮，切成丝。
5. 将所有食材装入碗中，淋上简易柠檬沙拉汁即可。

### ●营养小知识

紫甘蓝富含丰富的花青素，花青素除了能抗氧化延缓衰老之外，还具有增强机体免疫力、增强视力、具有很好的抑制炎症和抗过敏的作用。

# 希腊沙拉

香草沙拉汁

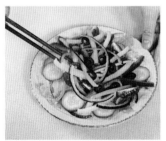 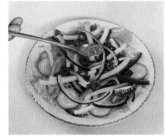

## 材料

| | |
|---|---|
| 生菜 100 克 | 红彩椒 15 克 |
| 圣女果 70 克 | 黄彩椒 15 克 |
| 洋葱 60 克 | 黑橄榄 4 颗 |
| 黄瓜 60 克 | |

### ●美味小秘密

　　洋葱切好后可浸在淡盐水中泡一会儿，口感会更清脆。

### ●营养小知识

　　彩椒是一类营养价值非常高的蔬菜，富含丰富的维生素 C、多种 B 族维生素、矿物质、胡萝卜素等多种对人体有益的营养成分。彩椒不仅营养价值高，色彩艳丽，味道上还很清甜，是沙拉中特别常用的食材之一。

## 做法

1. 把洗净的圣女果切成小块；将洗净的洋葱切成丝；把黑橄榄切成圈。

2. 洗好的黄瓜切片；洗净的红彩椒、黄彩椒均切成粗丝。

3. 将洗净的生菜用手撕成片。

4. 将所有食材放入盘子中，淋上香草沙拉汁即可。

# 嫩玉米沙拉

塔塔酱

扫一扫，看视频

## 材料

嫩玉米粒 100 克

豌豆粒 60 克

番茄 50 克

## 做法

1. 番茄洗净，先切块，再改切丁，备用。

2. 锅中注水烧开，放入玉米粒、豌豆粒，焯煮至熟。

3. 捞出玉米粒和豌豆粒，放入清水中过凉，沥干水分。

4. 将玉米粒、豌豆粒、番茄丁盛入沙拉碗中搅拌。

5. 倒入塔塔酱，再一起拌匀即可。

### ●美味小秘密

吃玉米时应把玉米粒的胚芽全部吃完，因为玉米的大部分营养都集中在胚芽。

### ●营养小知识

玉米的淀粉含量达 70% 以上，膳食纤维较为丰富，矿物质以钾、镁为主，玉米中含有玉米黄素，具有较强的抗氧化作用。

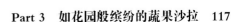

# 田园沙拉

• 意大利油醋汁

## 材料

圣女果 80 克

小黄瓜 50 克

樱桃萝卜 50 克

苦菊 40 克

黑橄榄 20 克

## ●美味小秘密

选用小黄瓜是因为与大黄瓜相比，小黄瓜口感更脆嫩，味道也更甜。

## 做法

1. 小黄瓜洗净后切片；樱桃萝卜洗净后切片。

2. 圣女果洗净后切片；苦菊清洗干净；黑橄榄切成圈。

3. 将小黄瓜片、樱桃萝卜片、圣女果片、苦菊一起装入盘中。

4. 放上黑橄榄圈，淋上意大利油醋汁即可。

## ●营养小知识

　　樱桃萝卜营养丰富，水分含量高，热量低，是纤体美肤的优质食材。樱桃萝卜的皮中含有丰富的花青素，具有很好的抗氧化作用。

# 樱桃萝卜玉米沙拉

• 简易柠檬沙拉汁

**材料**

樱桃萝卜 120 克
黄瓜 100 克
玉米粒 80 克

**做法**

1. 樱桃萝卜洗净，切薄片；黄瓜洗净，切片。
2. 玉米粒洗净，放入沸水锅中，焯煮片刻，捞出，沥干水分。
3. 将樱桃萝卜片、黄瓜片、玉米粒一起装入盘中。
4. 淋上简易柠檬沙拉汁，拌匀即可。

●**美味小秘密**

煮玉米粒时可以加点盐，这样会让玉米的甜味更突出。

●**营养小知识**

玉米富含丰富的膳食纤维，有助于肠道健康。玉米中的叶黄素和玉米黄素具有保护眼睛的作用。

# 玉米黑豆沙拉

塔塔酱

扫一扫，看视频

**材料**

玉米粒 80 克

水发黑豆 100 克

圣女果 80 克

● **美味小秘密**

　　浸泡好的黑豆也可以用电压力锅煮 15 分钟至熟。

● **营养小知识**

　　黑豆含有丰富的蛋白质、维生素、矿物质、锌、铜、镁、钼、硒、氟、花青素等。黑豆的蛋白质含量高达 35%~45%，赖氨酸含量高。

**做法**

1. 圣女果洗净，对半切开。

2. 将水发黑豆倒入沸水锅中，煮约 20 分钟至熟，捞出过凉，沥干水分，备用。

3. 将玉米粒倒入沸水锅中，焯煮片刻至熟，捞出过凉，沥干水分，备用。

4. 将圣女果、黑豆和玉米粒放入盘子中。

5. 拌入塔塔酱，搅拌均匀即可。

# Part 4

# 充满陆地气息的
# 肉类沙拉

　　用猪肉制成的培根和火腿，味美鲜香的煎牛排，形态变化多样的鸡肉，容易消化的鸭胸肉……

　　搭配上芝麻菜、生菜、苦菊亦或是点缀上薄荷、罗勒、柠檬皮，虽肉多却不肥腻，简直就是肉食爱好者的盛宴！

# 土豆培根沙拉

牛油果沙拉酱

## 材料

土豆 80 克

培根 50 克

芝麻菜 50 克

胡萝卜 60 克

熟白芝麻 10 克

橄榄油适量

### ●美味小秘密

用橄榄油煎培根，不仅美味，而且更营养。

### ●营养小知识

白芝麻富含蛋白质、脂肪、钙、磷、维生素等，其所含的维生素 E，能预防过氧化脂质对皮肤的伤害。

## 做法

1. 土豆洗净，去皮，切成 0.6 厘米左右的方形条，浸泡于盐水中，备用。

2. 芝麻菜洗净，撕开，切成 3 厘米左右的段；胡萝卜洗净，去皮，切成细丝。

3. 胡萝卜丝加入沸水中汆烫片刻，捞出，沥干，备用。

4. 培根切成 0.5 厘米左右的条，放入加有橄榄油的热锅中煎至两面熟透，盛出，备用。

5. 土豆条放入沸水中汆煮片刻，捞出，沥干后放入锅中，翻炒至熟透后盛出，备用。

6. 将胡萝卜丝、土豆条、培根条、芝麻菜段放入沙拉碗中。

7. 撒上适量熟白芝麻，佐上牛油果沙拉酱即可食用。

# 培根生菜沙拉

黄油咖喱酱

扫一扫，看视频

## 材料

培根 2 条
番茄 50 克
紫叶生菜 50 克
紫甘蓝 40 克
核桃仁 20 克

### ●美味小秘密

因为培根本身就含有油脂，所以可以不加油煎熟；如果用油煎，多煎一会儿味道会更好。

## 做法

1. 将培根切成方形块；番茄洗净，先切成大块，去籽，再切成小块。

2. 紫甘蓝洗净后切块；紫叶生菜洗净后撕成块。

3. 将培根放入锅中煎熟。

4. 将紫叶生菜、紫甘蓝、番茄块和培根放入盘中。

5. 撒上核桃仁，佐上黄油咖喱酱即可。

### ●营养小知识

由于紫叶生菜含有花青素，所以其颜色为紫色。紫叶生菜还含有胡萝卜素，维生素 C，多种 B 族维生素，以及丰富的矿物质如磷、钙、钾、镁等营养成分。

# 鸡蛋火腿沙拉

香草沙拉汁

**材料**

老火腿 200 克

鸡蛋 2 个

土豆 100 克

黄瓜 100 克

盐少许

橄榄油适量

● **美味小秘密**

火腿可以用黄油来煎熟，味道会更香浓；煮过的土豆的淀粉含量会更少。

**做法**

1. 老火腿切丁；黄瓜洗净，切成 0.5 厘米左右的小方块。

2. 土豆洗净，去皮，切成 1 厘米左右的小方块，放入盐水中浸泡。

3. 鸡蛋放入沸水锅中煮熟，取出，过凉后剥壳，将鸡蛋切成瓣。

4. 土豆块放入开水锅中煮约 5 分钟至熟，捞出，备用。

5. 锅中倒入适量橄榄油，放入老火腿丁，煎炒至熟。

6. 将土豆块、黄瓜块、火腿丁、鸡蛋一起放入盘中，淋上香草沙拉汁即可。

● **营养小知识**

土豆含有丰富的碳水化合物、维生素 $B_1$、维生素 $B_2$、维生素 $B_6$ 和泛酸、维生素 C、胡萝卜素以及钾、镁等多种矿物质。此外土豆中膳食纤维的含量也不低，有很好的饱腹感。

# 法式牛柳沙拉

• 智利油醋汁

**材料**

牛肉 200 克
洋葱 60 克
樱桃萝卜 100 克
芝麻菜 100 克
盐、生抽、料酒、食用油各适量

**●美味小秘密**

切牛肉时应顺着肉的
纤维纹路切，这样在咀嚼
时更容易。

**做法**

1. 洋葱洗净，切成丝；芝麻菜洗净，切段；樱桃萝卜洗净，切薄片。

2. 牛肉洗净，切成 0.8 厘米左右的粗条，用盐、生抽、料酒和食用油腌渍 10 分钟，备用。

3. 将腌渍好的牛肉条放入油锅中，翻炒至熟，盛出，备用。

4. 将洋葱丝、芝麻菜和樱桃萝卜放入盘中，铺上牛肉条，淋上智利油醋汁即可。

**●营养小知识**

牛肉主要含蛋白质、
脂肪、维生素 $B_1$、维生素
$B_2$、钙、磷、锌、铁等营
养成分，是膳食中优质蛋
白的主要来源之一。

# 蓝莓牛肉沙拉

酸甜法式芥末酱

## 材料

牛肉 100 克
蓝莓 70 克
芝麻菜 50 克
橄榄油适量
盐少许
黑胡椒碎少许

### ●美味小秘密

酸甜的蓝莓遇上具有独特香气的芝麻菜，再加上牛肉蛋白质的香气，碰撞出一道简单可口的沙拉。

## 做法

1. 将蓝莓、芝麻菜均洗净，沥干水分，备用。
2. 牛肉切成片，用盐和黑胡椒腌渍 10 分钟。
3. 热锅倒入少许橄榄油，将腌好的牛肉片煎熟，盛出。
4. 将蓝莓、芝麻菜、牛肉片一起放入盘子中，拌匀。
5. 食用时拌入酸甜法式芥末酱即可。

### ●营养小知识

蓝莓富含丰富的花青素，可以清除体内自由基起到抗氧化、抗炎性、保护血管内皮细胞、提高血管弹性的作用，有助于预防高血压等心脑血管方面疾病的发生。此外常食蓝莓还具有保护视力的功效。

# 牛排沙拉

蜂蜜芥末酱

## 材料

牛排 150 克
生菜 30 克
紫叶生菜 30 克
胡萝卜 40 克
盐少许
黑胡椒碎少许
蒜末适量
罗勒碎适量
橄榄油适量

### ●美味小秘密

煎牛排时，要注意火候和时间，不要煎得过老，煎至七分熟即可。

## 做法

1. 牛排加入盐、黑胡椒碎、蒜末、罗勒碎、橄榄油拌匀腌渍 10 分钟，备用。

2. 胡萝卜洗净去皮，切成丝；生菜、紫叶生菜撕成大块。

3. 锅中倒入油烧热，放入腌渍好的牛排，至七成熟，盛出后斜刀切片。

4. 将生菜、紫叶生菜垫在盘中，放入牛排、胡萝卜丝，拌入蜂蜜芥末酱即可。

### ●营养小知识

生菜中含有维生素 $B_1$、维生素 $B_6$、维生素 C、胡萝卜素等，还有大量膳食纤维和多种矿物质元素，如镁、磷、钙及少量的铁、铜、锌等。

# 韩式炸鸡沙拉

千岛酱

**材料**

鸡胸肉 200 克

卷心菜 80 克

鸡蛋 1 个

淀粉、面包糠各适量

料酒、盐、黑胡椒粉各适量

● **美味小秘密**

腌渍鸡胸肉时可以加适量生粉一起腌渍，口感会更好。

**做法**

1. 卷心菜洗净，切成细丝。

2. 鸡胸肉洗净，切成小块，用适量盐、料酒和黑胡椒粉腌渍半小时。

3. 鸡蛋打入小碗中，加入少许盐，搅成蛋液；将淀粉和面包糠分别装入两个小碗中。

4. 将腌渍好的鸡胸肉块按淀粉、蛋液、面包糠的顺序逐一裹好。

5. 热油锅，放入鸡肉块炸至外表皮金黄色，捞出，备用。

6. 将卷心菜丝铺在盘底，再把炸鸡胸肉块摆在上面，拌入千岛酱即可。

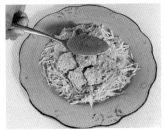

● **营养小知识**

鸡肉富含丰富的优质蛋白，是理想的动物蛋白的来源。鸡肉的脂肪与牛肉、猪肉的相比较，脂肪含量低且以多不饱和脂肪酸为主。

# 豆角拌鸡胸肉沙拉

柠檬醋汁

扫一扫，看视频

**材料**

鸡胸肉 150 克
豆角 50 克
牛油果半个
黄彩椒 30 克
红葱头 1 个
核桃仁 15 克
盐适量
食用油适量

● **美味小秘密**

在焯煮豆角时，加一些盐，可以使豆角颜色更翠绿。

**做法**

1. 将黄彩椒洗净，先切成条，再改切成丁；红葱头去皮洗净后切成碎。

2. 将牛油果用勺子挖出果肉，切成块；将豆角切成长约 5 厘米的段。

3. 将鸡胸肉用刀片成 2 片，放入碗中，加盐抹匀，腌渍 10 分钟。

4. 锅中注入少许食用油，将腌好的鸡胸肉两面煎熟，盛出后用刀切成小块。

5. 锅中注水烧开，放入豆角段，煮约 3 分钟至豆角变软。

6. 捞出豆角后放入冷水中过凉，沥干水分，备用。

7. 将鸡胸肉块、豆角、黄彩椒丁、牛油果丁、红葱头碎全部倒入盘中，拌匀。

8. 再撒上核桃仁，淋上柠檬醋汁即可食用。

# 鸡肉杂豆沙拉

香草醋汁

## 材料

鸡胸肉 150 克    圣女果 15 克

罐头红腰豆 20 克    紫洋葱 10 克

鹰嘴豆 20 克    芝麻菜 10 克

青豆 20 克    苦菊 10 克

玉米粒 20 克

### ● 美味小秘密

在煮鹰嘴豆之前，可以先将其放入温水中浸泡一段时间，这样可以缩短煮的时间。

### ● 营养小知识

鹰嘴豆富含钾、锌、钙和维生素 $B_1$、烟酸、泛酸、维生素 $B_6$、叶酸、膳食纤维的等营养成分，具有补钙的作用。

## 做法

1. 圣女果洗净，切块；紫洋葱洗净，切丁；芝麻菜、苦菊均洗净，沥干水分。

2. 锅中注水烧开，放入鹰嘴豆，煮 15 分钟，捞出备用。

3. 再将青豆、玉米粒倒入锅中煮 3 分钟，捞出备用。

4. 放入鸡胸肉，煮约 8 分钟至熟，捞出后，用手撕成鸡丝。

5. 将所有食材一起放入碗中，撒入罐头红腰豆，淋上香草醋汁即可。

# 墨西哥沙拉

咖喱优格酱

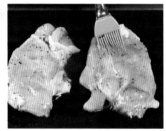

## 材料

鸡胸肉 100 克　　夏威夷果仁 10 克
黄彩椒 30 克　　　橄榄油、蜂蜜各适量
球生菜 30 克　　　盐少许
秋葵 30 克　　　　黑胡椒碎少许
玉米粒 10 克

### ●美味小秘密

焯煮后的秋葵也可以放入冰水中浸一会儿，会更加美味。

## 做法

1. 黄彩椒洗净，对半切开，再切成半圈的丝；秋葵洗净，切厚片；球生菜洗净，撕成块。

2. 鸡胸肉洗净后，倒入橄榄油，撒上盐和黑胡椒碎，再刷上蜂蜜，腌渍片刻。

3. 将秋葵和玉米粒分别放入沸水锅中焯熟，盛出备用。

4. 鸡胸肉放入烤箱，以中火 200℃烤 15 分钟，取出，斜刀切片。

5. 将所有食材摆入盘中，拌入咖喱优格酱即可。

### ●营养小知识

秋葵的黏液中含有果胶和黏多糖，可以增强机体抵抗力；秋葵含有铁、钙、锌和硒等多种矿物质，还含有胡萝卜素、维生素C、维生素 E 等营养物质。

# 科布沙拉

千岛酱

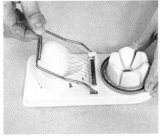 

**材料**

生菜 30 克　　　　黑橄榄 30 克

熟鸡蛋 1 个　　　培根 2 片

牛油果 1 个　　　盐少许

圣女果 30 克　　黑胡椒碎少许

鸡胸肉 70 克　　料酒适量

　　　　　　　　橄榄油适量

### ● 美味小秘密

　　将生菜大块地铺放在沙拉盘上，不仅看着美观，而且尝起来口感更好。

### ● 营养小知识

　　牛油果是水果中高热量的代表，脂肪含量约 15%，虽然脂肪含量高，但所含的脂肪酸以单不饱和脂肪酸为主，有利于心血管的健康。

**做法**

1. 将生菜洗净，取叶，撕成大块；牛油果对半切开，取果肉切成大块。

2. 熟鸡蛋去壳，用切蛋器切成片；圣女果洗净，切片；黑橄榄洗净，切片。

3. 鸡胸肉放入盐、黑胡椒碎和料酒腌渍半小时。

4. 将培根切块；锅烧热，倒入适量橄榄油，放入培根，煎至熟透，取出。

5. 放入鸡胸肉，煎至熟透，取出，切成块。

6. 将所有食材放入盘子中，拌入千岛酱即可。

# 烤鸡胸肉沙拉

蜂蜜芥末酱

**材料**

鸡胸肉 150 克

草莓 100 克

芝麻菜 30 克

大蒜 10 克

盐、黑胡椒碎各少许

橄榄油适量

● **美味小秘密**

草莓整颗放或者对切成心形花瓣都可以，切成瓣的草莓摆放起来更加漂亮，更能诱发食欲。

**做法**

1. 洗净的草莓去蒂，切瓣；洗净的芝麻菜切段。

2. 大蒜去皮，用压蒜器压成蒜泥。

3. 鸡胸肉放入碗中，加入蒜泥、黑胡椒碎、盐、橄榄油，抓匀，用锡箔纸包住、封口。

4. 把烤箱预热至 200℃，放入鸡胸肉，烤 30 分钟至熟透。

5. 取出烤好的鸡胸肉，切成条，再放回锡箔纸中，不封口，放入烤箱中再烤 10 分钟。

6. 将烤好的鸡胸肉条、草莓块、芝麻菜一起放入盘中，拌入蜂蜜芥末酱即可。

● **营养小知识**

草莓中含有丰富的维生素 C 和番茄红素，二者均有很好的抗氧化作用，可起到美肤、提高机体免疫力的作用。此外，草莓中膳食纤维含量高，常吃可以预防便秘、降低机体对胆固醇的吸收。

# 主厨沙拉

智利油醋汁

**材料**

生菜 80 克　　　　鸡蛋 1 个
鸡胸肉 50 克　　　橄榄油适量
培根 30 克
番茄 1 个

## ●美味小秘密

由于培根本身就有油脂，所以可以不用在锅中放油来煎培根。

**做法**

1. 生菜洗净，撕成小块；番茄洗净，切成圆形薄片。

2. 鸡蛋放入沸水锅中煮熟，过凉水后剥壳，切成圆薄片。

3. 锅中倒入橄榄油烧热，小火将鸡胸肉煎至两面金黄，取出，撕成鸡丝。

4. 将培根放入注有橄榄油的锅中煎至两面金黄，取出，沿短边切成 0.5 厘米的细条。

5. 将所有食材放入沙拉碗中，摆放整齐，淋上智利油醋汁即可。

## ●营养小知识

鸡蛋的营养主要集中在蛋黄里，蛋黄中的卵磷脂可以健脑益智、改善记忆力；蛋黄中的脂肪以单不饱和脂肪酸为主，对预防心脑血管疾病有益。蛋黄中含有珍贵的脂溶性维生素 A、维生素 D、维生素 E 和维生素 K，绝大多数 B 族维生素也存在于蛋黄中。

# 鸡胸肉菠萝沙拉

松子酱

## 材料

鸡胸肉 150 克
菠萝 200 克
芝麻菜 80 克
盐 2 克

●**美味小秘密**

购买生鸡肉时要注意鸡肉的外观、色泽、质感和气味，要避免买到劣质鸡肉。

## 做法

1. 芝麻菜洗净，沥干水分，撕成段，备用。

2. 菠萝去皮，将果肉切成小块。

3. 将 1 克盐化成盐水，再将菠萝块放入盐水中浸泡片刻。

4. 锅中注水烧热，倒入 1 克盐，放入鸡胸肉焯煮约 20 分钟至熟。

5. 捞出鸡胸肉，放凉后用手撕成条。

6. 将芝麻菜、菠萝块和鸡胸肉一起放入盘中，拌入松子酱即可。

●**营养小知识**

菠萝含有胡萝卜素、硫胺素、核黄素、维生素 C、钾、镁等矿物质以及菠萝酶等营养成分，具有促进肠胃蠕动、解油腻、缓解疲劳等功效。

# 鸡肉罗勒沙拉

• 大蒜蛋黄酱

## 材料

鸡肉 150 克
罗勒叶 50 克
番茄 50 克
樱桃萝卜 30 克
豌豆苗 20 克

盐适量
橄榄油适量

●美味小秘密

可以将鸡肉用柠檬汁腌渍片刻，不仅可以去除腥味，还会使鸡肉更加清香。

## 做法

1. 将罗勒叶择成一片片，洗净；番茄洗净，切小块；樱桃萝卜洗净，切片豌豆苗洗净，待用。

2. 将鸡肉用清水冲洗干净，切成块。

3. 在平底锅中倒入橄榄油，放入鸡肉块，添加少许盐，煎至鸡块熟透。

4. 将煎好的鸡块、罗勒叶、番茄块、樱桃萝卜片、豌豆苗一起放入盘中，拌入大蒜蛋黄酱即可。

●营养小知识

豌豆苗含有膳食纤维、蛋白质、多种 B 族维生素、维生素 C、胡萝卜素、钙和钾等营养成分，常食不仅有助于明眸美肤，而且对于预防"三高"也具有很好的作用。

# 鸭胸肉西蓝花沙拉

牛油果沙拉酱

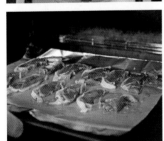

**材料**

鸭胸肉 100 克

西蓝花 80 克

胡萝卜 60 克

洋葱 60 克

食用油 5 毫升

料酒、盐、黑胡椒碎各少许

**● 美味小秘密**

西蓝花也可以从梗部用刀切一个小口，再以手撕开，这样不会产生许多碎粒。

**● 营养小知识**

鸭肉富含丰富的优质蛋白，是理想动物蛋白的来源。鸭肉的脂肪和牛肉、猪肉比较，含有较多的不饱和脂肪酸，更利于控制肥胖的发生。

**做法**

1. 将鸭胸肉洗净，切成片，用料酒、盐、食用油和黑胡椒碎腌渍片刻。

2. 西蓝花洗净，切成小朵；胡萝卜去皮洗净，切成细丝；洋葱洗净，切成丝。

3. 锅中注水烧开，加入少许盐，将西蓝花、胡萝卜丝，焯煮片刻至熟，捞出后沥干水分，备用。

4. 在烤盘上垫一张锡纸，摆上腌好的鸭胸肉片；将烤箱预热 210℃，推入烤盘，烤约 15 分钟后取出。

5. 将西蓝花、胡萝卜丝、洋葱丝和鸭胸肉块放入盘中，拌入牛油果沙拉酱即可。

# 鸭胸肉沙拉

咖喱优格酱

**材料**

鸭胸肉 150 克

金橘 100 克

核桃仁 30 克

柠檬 1 个

黑胡椒碎少许

食用油适量

盐少许

● **美味小秘密**

　　柠檬皮有香气，能祛除肉类、水产的腥膻之气，适合用于肉类沙拉和水产沙拉。

**做法**

1. 鸭胸肉加入盐和黑胡椒碎抹匀，腌渍片刻。

2. 金橘洗净，对半切开。

3. 锅中倒入油烧热，放入鸭胸肉，将有皮的一面朝下，小火煎至表皮微焦，盛出，斜刀切片。

4. 把鸭胸肉、金橘、核桃仁摆入盘中，用刨丝刀刨出柠檬皮末，撒在鸭胸肉上，佐上咖喱优格酱即可。

● **营养小知识**

　　金橘含有丰富的胡萝卜素、维生素C、维生素P、金橘甙等成分，对维护心血管功能、防止血管硬化有一定的作用，还能使皮肤光泽，具有减缓衰老的功效。

# Part 5

# 拥有大海味道的
# 海鲜沙拉

活蹦乱跳的海虾、多种多样的贝壳、肉质有嚼劲的鱿鱼、生吃有营养的三文鱼……

搭配味道独特、颜色亮丽的芒果、百香果、葡萄柚，再配上玉米粒、豌豆、香菇，用不同的酱汁可以组合出多样口味的海鲜沙拉。

# 海鲜菌菇沙拉

酱油芥末汁

## 材料

鱿鱼 100 克　　盐少许
鲜虾 60 克　　胡椒粉少许
鲜香菇 20 克　　橄榄油适量
口蘑 20 克
白洋葱末 20 克
蒜末 5 克

### ●美味小秘密

将鱿鱼切花刀时，刀与肉之间要呈 45°斜角，这样不容易将鱿鱼切断。

## 做法

1. 将口蘑洗净后切成片；香菇去掉柄，香菇朵切片。
2. 将处理好的鱿鱼打上麦穗花刀，切大块，鱿鱼须切段。
3. 沸水锅中倒入鱿鱼氽至卷起，捞出；放入虾，煮至熟透，捞出。
4. 热油锅放入蒜末、白洋葱末、鱿鱼花、虾炒匀，加盐和胡椒粉调味，盛出。
5. 再放入香菇、口蘑翻炒至熟。
6. 盛出摆盘，食用时蘸取酱油芥末汁即可。

### ●营养小知识

香菇不仅具有清香独特的风味，更含有丰富的营养素，属于"四高一低"（蛋白质、维生素、矿物质、膳食纤维高，脂肪含量低）的健康食物。香菇富含丰富的菌类多糖，常食香菇可以增强机体免疫力。

# 芒果煎虾沙拉

柠檬薄荷沙拉汁

## 材料

虾仁 30 克
芒果 50 克
球生菜 80 克
土豆 80 克

紫甘蓝 80 克
橄榄油适量
盐少许
黑胡椒碎少许

### ●美味小秘密

将芒果切开后，用刀在果肉上划九宫格，再切出果肉，这种方法快速、简便、干净。

## 做法

1. 将虾仁洗净，加少许盐和黑胡椒碎，腌渍片刻。

2. 芒果洗净，去皮，去核，切成小方块；球生菜与紫甘蓝洗净，切成细丝。

3. 土豆洗净，去皮，切成细丝，放入沸水锅中煮至断生，捞出，沥干水分，装碗备用。

4. 平底锅中倒入适量橄榄油烧热，放入腌好的虾肉，煎至熟透，盛出，备用。

5. 将生菜丝、紫甘蓝丝、土豆丝、芒果块与虾仁一起放入盘中，食用时淋上柠檬薄荷沙拉汁即可。

### ●营养小知识

芒果富含胡萝卜素，既护眼又美肤；芒果还含有多酚类物质有抗氧化作用；芒果中的蛋白酶，可以帮助消化蛋白质类的食物，也是天然的嫩肉剂。

# 百香果虾仁沙拉

• 酱油巴萨米克醋汁

扫一扫，看视频

## 材料

百香果 2 个
鲜虾 70 克
香菜 30 克

### ●美味小秘密

香菜具有独特的香味，在制作海产类及鱼类沙拉时，使用香菜能很好地去除腥味。

## 做法

1. 锅中注水烧开，倒入鲜虾，煮至熟。
2. 捞出熟虾，去掉头部和虾壳，洗净虾肉，再切成小块。
3. 香菜洗净，切成碎末。
4. 百香果对半切开，用勺子挖出果肉，倒入碗中。
5. 将虾肉块、香菜末一起倒入碗中。
6. 再淋上酱油巴萨米克醋汁，拌匀后装回百香果壳中即可。

### ●营养小知识

百香果富含丰富的营养物质，如多种 B 族维生素、钾、镁等矿物质以及胡萝卜素、番茄红素、膳食纤维等，不仅营养丰富，而且味道非常香甜，具有开胃、增加食欲的作用。

# 鲜虾综合蔬果沙拉

柠檬芥末汁

## 材料

虾仁 6 只
番茄 80 克
黄瓜 100 克
球生菜 3 片

芒果 60 克
葡萄柚 50 克

## ●美味小秘密

焯煮好的虾仁可过一遍凉水，肉质会更有弹性。

## 做法

1. 洗好的番茄去蒂，切块；洗净的黄瓜削皮，切片；洗净的球生菜撕成块。

2. 芒果洗净对半切开，用刀将果肉划成网格状，取出果肉。

3. 葡萄柚去皮，剥出瓣，去掉白皮，切成块状。

4. 将虾仁放入沸水锅中焯煮至熟，捞出沥干水分，备用。

5. 将所有处理好的食材装入沙拉碗中，拌匀，淋上柠檬芥末汁即可。

## ●营养小知识

葡萄柚中含有维生素 P、维生素 C、叶酸、可溶性膳食纤维、番茄红素等营养成分，不仅可以增强人体免疫力，还具有美肤、延缓肌肤衰老的功效。

# 烤海鲜沙拉

香草沙拉汁

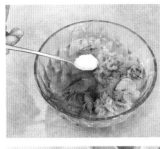 

## 材料

扇贝肉 50 克　　白葡萄酒 30 毫升

章鱼 80 克　　　盐少许

鲜虾 80 克

圣女果 120 克

干香草碎 10 克

### ●美味小秘密

使用烤箱烤海鲜时，要封住油纸的口，这样能保持海鲜的水分，使肉质更加鲜嫩、多汁。

### ●营养小知识

扇贝富含蛋白质、碳水化合物、B 族维生素、维生素 E，矿物质尤其丰富，含有钙、磷、钾、钠、镁、锌、硒等，还含有不饱和脂肪酸。

## 做法

1. 将扇贝肉和鲜虾放入盐水中清洗，再用清水冲洗干净，沥干水分，备用。

2. 章鱼洗净后切成块；圣女果洗净后切片。

3. 将扇贝肉、鲜虾和章鱼放在油纸上，淋上白葡萄酒，撒上干香草碎，微微拌匀。

4. 将烤箱预热至 180℃，将油纸卷好并密封，放入烤箱烤 25 分钟。

5. 烤好后盛入装有圣女果的盘中，淋上香草沙拉汁即可。

# 海鲜粉丝沙拉

黄油咖喱酱

## 材料

扇贝 80 克
鱿鱼 100 克
粉丝 50 克
木瓜 50 克
盐、胡椒粉各少许
橄榄油适量

### ●美味小秘密

取出扇贝肉时先用刀将贝壳一开为二，再用刀贴着贝壳的底部，将贝肉完全剔取出来。

## 做法

1. 扇贝取出肉，洗净，加入少许盐和胡椒粉，腌渍片刻。

2. 鱿鱼洗净，去掉头，剥去外皮，将鱿鱼的身体部分切成圆圈状。

3. 将木瓜洗净，去皮，对半切开后再切成小薄片。

4. 粉丝放入沸水中煮软，放入凉水中过凉。

5. 平底锅中倒入适量橄榄油后烧热，放入腌好的扇贝肉，煎至熟透后盛出，装碗，备用。

6. 锅中注入适量清水烧开，加入切好的鱿鱼圈，焯煮一会儿后捞出，沥干、备用。

7. 将扇贝肉、鱿鱼圈、木瓜、粉丝一起装入沙拉碗中，拌入黄油咖喱酱即可。

### ●营养小知识

鱿鱼营养价值高且热量低，富含人体所需的优质蛋白，脂肪酸以多不饱和脂肪酸为主，有益于心脑血管健康。鱿鱼中还含有丰富的牛磺酸、钾、碘、镁、硒、锌、维生素 A 等对健康有益的营养物质。

# 意式海鲜沙拉

柠檬芥末汁

扫一扫，看视频

## 材料

鱿鱼 120 克

虾仁 60 克

扇贝肉 50 克

圣女果 50 克

生菜 40 克

芝麻菜 30 克

## 做法

1. 鱿鱼洗净，剥去外皮，切成圆圈状。

2. 圣女果洗净，对半切开；芝麻菜和生菜均洗净，用手撕成小片。

3. 锅中注水烧开，放入虾仁、鱿鱼圈和扇贝肉，煮熟后捞出，沥干，装碗备用。

4. 将生菜叶、芝麻菜放入盘中，再加入圣女果、鱿鱼圈、虾仁和扇贝肉。

5. 淋上柠檬芥末汁即可。

## ●美味小秘密

生菜质地脆嫩，用手撕出来的生菜不但不会破坏生菜的细胞结构，而且口感更脆爽。

## ●营养小知识

无论是海虾还是淡水虾，营养价值都很高。虾的主要营养成分有优质蛋白、脂肪（以多不饱和脂肪酸为主）、B 族维生素、维生素 A、钙、锌、碘、硒等。

# 青口贝沙拉

• 莱姆酱油沙拉汁

## 材料

青口贝 300 克

芝麻菜 80 克

豌豆 100 克

小黄瓜 150 克

### ●美味小秘密

新鲜青口贝的味道是清甜的，购买新鲜的青口贝制作沙拉，会使沙拉的味道更鲜美。

## 做法

1. 将芝麻菜和豌豆均洗净，沥干水分，备用。

2. 小黄瓜洗净，去皮，切成圆片。

3. 锅中注水，倒入豌豆，焯煮至熟后盛出，备用。

4. 继续烧水，倒入青口贝，大火煮至开口，盛出过凉，取出贝肉。

5. 将芝麻菜、豌豆、小黄瓜和青口贝肉装入盘中，搅拌均匀，淋上莱姆酱油沙拉汁即可。

### ●营养小知识

青口贝又叫贻贝，含有 B 族维生素及人体必需的锰、锌、硒、碘等多种矿物质，贻贝的脂肪中的不饱和脂肪酸的含量相对较高，含有人体必需的氨基酸。

# 章鱼番茄沙拉

香草醋汁

## 材料

章鱼 180 克
番茄 150 克
洋葱 30 克
黑橄榄 10 克

## 做法

1. 将处理好的章鱼切小块；番茄去蒂，洗净，切段。

2. 洋葱洗净，切丝；黑橄榄去核，切片。

3. 将章鱼段放入沸水中汆熟，捞出，沥干水分。

4. 将所有食材一起装入盘中，淋上香草醋汁即可。

### ●美味小秘密

清洗章鱼时，可以在
水中加入适量醋和淀粉，
放入章鱼用手不断搓洗，
以去除表面的黏液。

### ●营养小知识

章鱼含有丰富的牛磺酸，可促进婴幼儿脑组织和智力发育，作为哺乳期的妈妈可以适量食用。同时牛磺酸在保护心血管病方面也具有一定功效。

# 鱼柳沙拉

松子酱

## 材料

鱼柳 100 克　　黄瓜 60 克
生菜 40 克　　洋葱 20 克
芝麻菜 40 克　　盐少许
圣女果 60 克　　橄榄油适量

### ●美味小秘密

也可以将鱼肉裹上面包糠或生粉后再煎，这样煎出来的鱼肉外焦里嫩。

## 做法

1. 生菜洗净，撕成片；芝麻菜摘洗干净。

2. 黄瓜洗净，对半切开，再切成片；圣女果洗净，对半切开。

3. 鱼柳洗净，切成小块；洋葱洗净，切成丝。

4. 热锅烧油，放入鱼柳块，撒上少许盐，煎至熟后盛出。

5. 将所有食材放入盘中，拌入松子酱即可食用。

### ●营养小知识

鱼肉中含有丰富的优质蛋白，经常食用可延缓皮肤衰老，增强机体免疫力，让人具有更年轻的身体状态。

# 三文鱼黄瓜卷沙拉

酱油芥末汁

 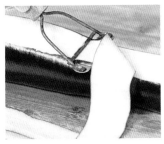

 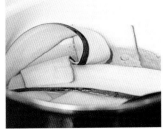

**材料**

三文鱼 60 克

小黄瓜 30 克

茄子 40 克

青苹果 30 克

紫洋葱 20 克

盐适量

### ●美味小秘密

如果不喜欢茄子，也可以换成其他的食材来卷三文鱼。

### ●营养小知识

三文鱼富含丰富的优质蛋白，脂类中的多不饱和脂肪酸以大脑喜爱的 DHA、EPA 为主。三文鱼中还富含丰富的矿物质元素如钙、锌、硒、铜等及多种维生素，具有很高的营养价值。

**做法**

1. 小黄瓜、茄子洗净后，用刨刀分别将小黄瓜、茄子刨成长的薄片。

2. 紫洋葱洗净，切丝；三文鱼切片；青苹果洗净，去皮，切丝，泡入淡盐水中。

3. 锅中注水烧开，放入茄子片，煮至熟后捞出，沥干水分。

4. 将茄子片、小黄瓜片重叠铺平，再铺上三文鱼片、苹果丝、紫洋葱丝卷起来。

5. 将卷好的三文鱼卷装入盘中，食用前蘸取酱油芥末汁即可。

# 鳕鱼沙拉

松子酱

## 材料

鳕鱼 100 克          洋葱 20 克
生菜 50 克           橄榄油适量
番茄 50 克           盐少许
黄彩椒 20 克

● 美味小秘密

将煎鳕鱼与生菜、番茄一起混合，再搭配上醇香的松子酱，是一道既美味又营养沙拉。

## 做法

1. 鳕鱼洗净后沥干水分，切成小块；生菜洗净，切丝；番茄洗净，切块。

2. 黄彩椒洗净，切丝；洋葱洗净，切丝。

3. 在平底锅中倒入适量橄榄油，放入鳕鱼块，撒上少许盐，煎至两面金黄后盛出。

4. 将鳕鱼块、生菜丝、番茄块、黄彩椒丝、洋葱丝装入沙拉盘中，食用前拌入松子酱即可。

● 营养小知识

鳕鱼含有丰富的蛋白质、DHA、EPA，以及维生素 A、维生素 D、维生素 E 和其他多种维生素及多种矿物质。经常食用鳕鱼，对预防心脑血管疾病、延缓大脑衰老有好处。

# 金枪鱼沙拉

• 柠檬薄荷沙拉汁

## 材料

罐头金枪鱼 80 克

卷心菜 70 克

紫甘蓝 50 克

圣女果 80 克

## 做法

1. 将卷心菜和紫甘蓝洗净，切成细丝铺在盘底。

2. 将罐头金枪鱼捣成泥，倒在卷心菜丝和紫甘蓝丝上。

3. 圣女果洗净，切成 4 瓣，点缀在金枪鱼泥上。

4. 食用时淋上柠檬薄荷沙拉汁即可。

### ●美味小秘密

在制作沙拉时，选择水渍金枪鱼罐头会很方便，也更美味。

### ●营养小知识

金枪鱼富含丰富的优质蛋白，脂肪含量虽然低，却以非常优质的多不饱和脂肪酸 DHA 和 EPA 为主，同时含有维生素 A、维生素 D 和维生素 E 等多种维生素，易被人体消化吸收。具有促进智力、视力和免疫力等益处。

# 尼斯沙拉

•酱油巴萨米克醋汁

**材料**

土豆 80 克　　熟鸡蛋 1 个

豆角 50 克　　盐少许

生菜 30 克

番茄 50 克

罐头金枪鱼 50 克

●**美味小秘密**

当土豆煮至完全变成半透明颜色，中间没有浅黄色的硬心时，就可以将其捞起。

●**营养小知识**

豆角又叫豇豆，含有维生素 $B_1$、维生素 $B_2$、叶酸、维生素 C 等维生素，还含有矿物质钙、镁、锰、磷、钾等，以及蛋白质、胡萝卜素等营养成分。

**做法**

1. 豆角择洗干净，去掉老茎，切成约 5 厘米的段；熟鸡蛋切成瓣状。

2. 生菜洗净，撕成小块；番茄洗净，再切成片。

3. 土豆洗净，去皮，切方块，放入沸水锅中煮熟，捞出沥干水分，备用。

4. 锅中注入适量清水加少许盐煮至沸腾，放入豆角焯煮至熟，捞出过凉，沥干水分，备用。

5. 将所有食材一起装入盘中，佐上酱油巴萨米克醋汁即可。

# 法式鱼柳沙拉

意大利油醋汁

**材料**

龙利鱼柳 120 克

苦菊 100 克

蒜片 10 克

熟鸡蛋 1 个

盐、白胡椒粉各少许

黄油、淀粉各适量

### ●美味小秘密

选用黄油煎龙利鱼，可以使煎出来的鱼肉更加香脆。

**做法**

1. 将苦菊洗净，沥干水分，备用；熟鸡蛋去壳后切成瓣。

2. 将龙利鱼柳切块，撒上盐、白胡椒粉和蒜片，腌渍 20 分钟。

3. 将腌制后的鱼柳块裹上一层淀粉。

4. 平底锅中放入黄油熔化，放入腌好的龙利鱼煎至两面金黄，盛出。

5. 将苦菊与龙利鱼块混合，摆上鸡蛋，佐上意大利油醋汁即可。

### ●营养小知识

龙利鱼的脂肪中含有 ω-3 脂肪酸，可以抑制眼睛里的自由基，降低晶体炎症的发生，特别适合整天面对电脑的上班族食用。

# 玉米蟹棒沙拉

芝麻花生酱

## 材料

玉米粒 80 克
蟹棒 100 克
球生菜 100 克
青豌豆 30 克
紫甘蓝 60 克

●**美味小秘密**

沙拉中的玉米也可使用速冻玉米粒，只需要解冻、清洗、烹煮即可，使用极为方便。

## 做法

1. 球生菜、紫甘蓝均洗净，切成细丝。

2. 蟹棒切成 1 厘米左右的小段，放入沸水中汆烫一会儿，捞出，装碗，备用。

3. 玉米粒和青豌豆洗净，放入沸水中焯煮至熟，捞出沥干水分，装碗，备用。

4. 将所有食材放入沙拉碗中，食用时拌入芝麻花生酱即可。

●**营养小知识**

豌豆的营养丰富，其中蛋白质、维生素 $B_1$、维生素 $B_2$、钾元素、膳食纤维等营养素含量颇丰，是绿色健康的食材之一，常食对心脑血管、肠道方面的健康有利。

# Part 6

# 一盘就能饱腹的
## 主食沙拉

各种吐司、脆香的法棍、膳食纤维高的粗粮、让人有饱腹感的意面……

　　用这些主食来做沙拉，搭配上蔬菜、水果或坚果，营养全面的同时还能填饱肚子，让沙拉成为主餐。

# 烤吐司沙拉

小黄瓜优格

## 材料

土司片 2 片
培根片 2 片
红彩椒 20 克
玉米粒 20 克
洋葱 20 克

### ●美味小秘密

将烤脆的吐司搭配上蔬菜和培根，再淋上小黄瓜优格，是一道美味的主食沙拉。

## 做法

1. 红彩椒洗净后切成粒；玉米粒洗净，备用。

2. 培根片切成方片；洋葱切成丝。

3. 在土司片上抹一层沙拉酱，放上培根片，红彩椒粒、玉米粒和洋葱丝。

4. 烤箱预热 180℃，将做好的吐司沙拉放入烤箱，烤制 5 分钟。

5. 取出烤好的吐司，淋上适量小黄瓜优格即可。

### ●营养小知识

培根中磷、钾、钠的含量丰富，还含有脂肪、胆固醇、碳水化合物等，具有御寒保暖、消食开胃等作用。

# 吐司早餐沙拉

坚果酱

**材料**

全麦吐司 3 片
圣女果 150 克
卷心菜 150 克

● **美味小秘密**

要选择优质卷心菜，优质卷心菜坚硬结实，放在手上很有分量，外面的叶片呈绿色并且有光泽。

**做法**

1. 将全麦吐司切成小块；圣女果洗净，切丁。
2. 卷心菜洗净，去掉菜梗，将卷心菜叶切成丝，备用。
3. 将吐司块、圣女果丁和卷心菜丝一起装入盘中。
4. 拌入坚果酱，拌匀即可。

● **营养小知识**

卷心菜中含有丰富的维生素 C、胡萝卜素、叶酸、钾等，还富含维生素 U，维生素 U 能加速溃疡的愈合，能预防胃溃疡恶变。

# 吐司西芹黄瓜沙拉

小黄瓜优格

## 材料

| | |
|---|---|
| 吐司 1 片 | 橄榄油适量 |
| 西芹 40 克 | 盐少许 |
| 小黄瓜 50 克 | 白胡椒粉少许 |
| 圣女果 30 克 | |
| 玉米粒 30 克 | |

### ●美味小秘密

如果不喜欢吃生的西芹，可以把西芹丁焯煮至熟后再食用。

## 做法

1. 吐司对半切开；西芹洗净后切成丁。

2. 小黄瓜去掉头和尾部，切片；圣女果切成丁。

3. 锅中倒入橄榄油烧热，放入吐司片，撒上盐、白胡椒粉，煎至两面微黄后盛出。

4. 锅中注水烧开，倒入玉米粒，煮约 2 分钟后捞出，沥干水分，备用。

5. 将西芹丁、小黄瓜片、圣女果丁、玉米粒装入沙拉碗中，拌入小黄瓜优格。

6. 将拌好的食材放在土司片上即可。

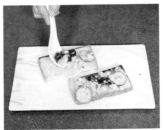

### ●营养小知识

西芹含有丰富的膳食纤维、芹菜素等类黄酮物质，对预防三高都有很好的帮助。此外，西芹叶中的胡萝卜素、维生素 C、维生素 $B_1$、钾、镁等营养物质均高于芹菜茎，食用的时候千万不要丢掉菜叶这个宝贝。

# 蔬果面包沙拉

苹果酒蜂蜜汁

## 材料

咸土司片 1 片　　　　胡萝卜 40 克

紫甘蓝 30 克　　　　圣女果 30 克

生菜 40 克　　　　　黄油、盐、干牛至叶各适量

### ●美味小秘密

用平底锅煎面包时，需经常翻面，煎 4 分钟左右即可。

## 做法

1. 紫甘蓝洗净，切丝；生菜洗净，撕成片。

2. 胡萝卜洗净，去皮，切丝；圣女果洗净，对半切开。

3. 平底锅中放入黄油，加热熔化，放上咸土司片，撒上适量盐、干牛至叶，煎至两面变黄。

4. 盛出煎好的吐司片，切成小块。

5. 将所有的食材装入盘中，淋上苹果酒蜂蜜汁即可。

### ●营养小知识

　　胡萝卜素的吸收是在人体内的小肠里发生的，只要进入小肠的食糜里有脂肪，就能帮助胡萝卜素吸收。

# 法棍混合坚果沙拉

· 经典莱姆沙拉汁

**材料**

法棍 2 片　　　　　杏仁 5 克
猕猴桃 20 克　　　核桃仁 5 克
香蕉 20 克
圣女果 10 克
腰果 5 克

● **美味小秘密**

　　将腰果、杏仁和核桃仁混合的坚果碎撒在软软的水果上，一口吃下去，口感是松软和脆感相结合。

**做法**

1. 猕猴桃洗净，去皮，切成圆片。

2. 香蕉去皮，切成圆片；圣女果洗净，切成圆片。

3. 将腰果、杏仁和核桃仁一起切成碎，备用。

4. 将猕猴桃片、香蕉片和圣女果片依次摆放在法棍片上。

5. 撒上坚果碎，淋上经典莱姆沙拉汁即可。

● **营养小知识**

　　猕猴桃富含丰富的维生素 C，美肤效果佳。猕猴桃本身富含丰富的膳食纤维，具有调节肠道健康、纤体的作用。

# 黄金馒头火腿沙拉

优格美乃滋

扫一扫，看视频

## 材料

| | |
|---|---|
| 馒头 50 克 | 食用油适量 |
| 鸡蛋 1 个 | 盐少许 |
| 火腿 50 克 | 秋葵 50 克 |
| 玉米粒 30 克 | 球生菜 30 克 |

### ●美味小秘密

选购秋葵时，选择表皮上没有黑色斑点的，捏起来不柔软，不能感受到里层的黏液为佳。

## 做法

1. 将馒头切片，再切成小方块；火腿切厚片，再切丁。
2. 秋葵洗净，去掉蒂，切成厚片；球生菜洗净，撕成小块。
3. 鸡蛋打散，加少许盐拌匀，制成蛋液。
4. 锅中注入适量食用油烧热，将馒头块包裹蛋液后入锅煎至金黄色，盛出，备用。
5. 锅中留油，放入火腿丁，略煎后盛出。
6. 汤锅中注入适量清水煮沸，放入玉米粒和秋葵片汆烫 1 分钟后捞出，过凉，沥干，备用。
7. 将生菜叶、馒头块、火腿丁、玉米粒和秋葵片一起装入盘中，淋上优格美乃滋即可。

### ●营养小知识

球生菜富含丰富的水分，质地脆嫩，口感清香，含有的莴苣素可以稳定情绪，促进睡眠，具有镇静安神的作用。球生菜还富含维生素 $B_6$、钙、维生素 C、胡萝卜素、膳食纤维等对人体有益的营养物质。

# 吐司火腿沙拉

优格美乃滋

扫一扫，看视频

**材料**

吐司 2 片
火腿 80 克
黄瓜 60 克
玉米粒 40 克

● **美味小秘密**

　　用烤箱烤制的吐司块的热量比油炸的低，而且口感同样酥脆。

● **营养小知识**

　　黄瓜含有丰富的水分、胡萝卜素、多种 B 族维生素、钾等营养物质。黄瓜中含有丙醇二酸，可以很好的抑制糖类转化成脂肪，是瘦身的优选食材。特别适合肥胖、"三高"、便秘等人群食用。

## 做法

1. 黄瓜洗净，先切条，再改切成小方粒。

2. 火腿切厚片，再切成小方粒；吐司切成 1 厘米左右小方块。

3. 锅中注水烧开，放入火腿粒、玉米粒煮熟，捞出，沥干水分，备用。

4. 将吐司块放入烤盘中，烤箱以 200℃ 预热，推入烤盘，烤 5 分钟。

5. 将烤好的吐司块、黄瓜粒、火腿粒和玉米粒装入沙拉碗中。

6. 最后淋上优格美乃滋即可食用。

# 燕麦杂蔬沙拉

香橙味汁

**材料**

燕麦粒 100 克
圣女果 20 克
胡萝卜 20 克
小黄瓜 20 克
豌豆苗 25 克

## ●美味小秘密

叶身幼嫩、叶色青绿的豌豆苗较好，豌豆苗的叶子含有较多水分，现买现做的味道才好。

**做法**

1. 圣女果洗净，对半切开；胡萝卜洗净，切丁。

2. 小黄瓜洗净，切圆片；豌豆苗洗净，沥干水分。

3. 锅烧热，倒入燕麦粒，小火炒至成熟。

4. 盛出炒好的燕麦，再加入圣女果、胡萝卜丁、小黄瓜片、豌豆苗。

5. 淋上香橙味汁即可。

## ●营养小知识

燕麦含有丰富的蛋白质、膳食纤维、B族维生素、钙等多种对人体有益的营养成分。燕麦的粘性来自于 β - 葡聚糖这种成分，燕麦的保健作用，很大程度也来自于这种成分，在控制血糖、控制血脂、预防癌症、调整肠道菌群等方面都有益。

# 燕麦水果沙拉

• 低脂酸奶沙拉酱

**材料**

燕麦粒 60 克
香蕉 50 克
葡萄柚 50 克
腰果 10 克
夏威夷果 10 克
杏仁 10 克

**● 美味小秘密**

　　3 种坚果、2 种水果
和 1 种主食的结合，丰富
的食材既保证了营养又使
沙拉更好看。

**做法**

1. 香蕉去皮，切厚片；葡萄柚去皮、去核，切成 1 厘米左右的小方块。

2. 炒锅烧热，倒入燕麦粒，小火翻炒均匀，盛出，晾凉备用。

3 将葡萄柚块、香蕉片、燕麦一起放入碗中。

4. 加入腰果、夏威夷果和杏仁。

5. 拌入低脂酸奶沙拉酱即可食用。

**●营养小知识**

　　夏威夷果富含丰富的蛋白质、脂肪、膳食纤维、维生素 E、钾、锰、钙、硒、锌等
营养物质，是非常健康的一种坚果。

# 藜麦全素沙拉

千岛酱

## 材料

藜麦 60 克

胡萝卜 80 克

黄瓜 80 克

玉米粒 60 克

盐少许

● **美味小秘密**

藜麦有白色、黑色和红色，虽然营养相差不大，但白色的口感最好。

## 做法

1.胡萝卜、黄瓜去皮，洗净，切成 0.5 厘米左右的小方粒。

2.锅中注入适量清水烧开，放入适量盐，将藜麦放入沸水中，煮 15 分钟左右，捞出，沥干水分，备用。

3.锅中注入适量热水烧开，加入适量盐，放入胡萝卜粒和玉米粒，煮一会儿后捞出，沥干水分，备用。

4.将藜麦、胡萝卜粒、玉米粒和黄瓜粒一起放入碗中，拌入千岛酱即可。

● **营养小知识**

藜麦营养丰富，含有人体所需的氨基酸，这是其它植物性食物不能媲美的；其次藜麦胚芽成份含量很高，维生素、矿物质含量充足，比其他谷物含量高，是非常推荐食用的健康食材。

# 牛油果紫薯沙拉

大蒜蛋黄酱

## 材料

牛油果 1 个

紫薯 80 克

奶酪碎 30 克

熟松子仁 10 克

芹菜 10 克

### ●美味小秘密

生的紫薯与熟的紫薯相比，口感更为脆嫩，味道也更甜。

## 做法

1. 牛油果对半切开，去掉果核，挖出果肉，将果肉切成丁。

2. 紫薯洗净，去皮后切成丁；芹菜洗净，切成碎。

3. 将牛油果丁、紫薯丁、芹菜碎、奶酪碎装入沙拉碗中，拌入大蒜蛋黄酱搅拌均匀。

4. 再装入牛油果壳中，撒上熟松子仁即可。

### ●营养小知识

松子仁含有蛋白质、脂肪、碳水化合物、维生素 E、钙、磷、锌等营养成分，其中含有的脂肪酸多为不饱和脂肪酸，经常食用可有效降低血脂，预防心血管疾病。

# 紫薯水果沙拉

• 低脂酸奶沙拉酱

## 材料

紫薯 150 克
菠萝 70 克
猕猴桃 40 克
樱桃萝卜 30 克
熟麦片 30 克

● **美味小秘密**

也可以将整个紫薯放入微波炉中加热至熟后再切成小块。

● **营养小知识**

紫薯含丰富的花青素，具有很好的抗氧化作用；搭配含有优质蛋白的酸奶，能有效增加机体的免疫力和抗病能力。

## 做法

1. 樱桃萝卜洗净，切小块；菠萝洗净，切成块。

2. 猕猴桃洗净，去皮，切块。

3. 紫薯洗净，切小块，放入盘子中，加少许水，放入微波炉，高火加热 5 分钟。

4. 取出熟紫薯，冷却后，去掉紫薯外皮，切成块。

5. 将所有食材装入沙拉碗中，拌入低脂酸奶沙拉酱即可。

# 口蘑蝴蝶面沙拉

坚果酱

## 材料

蝴蝶意面 50 克　　　青豌豆 20 克

口蘑 50 克　　　　　橄榄油、盐各适量

西蓝花 80 克

番茄 40 克

### ●美味小秘密

在焯煮西蓝花和青豌豆时，可以在水中加适量的盐，这样焯出来的西蓝花颜色更绿。

## 做法

1. 口蘑去蒂，洗净，泡软切成小块；番茄洗净，切成小块。

2. 西蓝花洗净，分成小朵，与青豌豆放入沸水锅中，氽烫一会儿后捞出沥干，装碗，备用。

3. 锅中注入适量清水烧开，加入少许盐，放入蝴蝶意面，煮约 8 分钟至熟，捞出沥干，装盘，备用。

4. 锅中注入少量橄榄油烧热，放入口蘑翻炒熟，盛出装盘，备用。

5. 将蝴蝶意面、口蘑块、青豌豆、番茄块、西蓝花小朵放入盘中，佐上坚果酱即可。

### ●营养小知识

　　口蘑是一种较好的减肥美容食品。它含有丰富的膳食纤维，具有增加饱腹感、促进排便、改善肠道健康的作用，此外它还具有纤体美肤的功效。

# 螺旋粉西蓝花沙拉

经典美乃滋

## 材料

螺旋粉 30 克
西蓝花 30 克
花菜 40 克
玉米粒 20 克

## ●美味小秘密

焯好的西蓝花可以放入冰水里冰镇片刻，口感会更爽脆，颜色也更翠绿。

## 做法

1. 将洗净的西蓝花、花菜切成小块；玉米粒洗净。

2. 锅中加水烧开，倒入花菜、西蓝花，煮约 1 分钟至熟，捞出。

3. 倒入玉米粒煮约 1 分钟至熟，捞出。

4. 锅中重新注入清水烧开，放入螺旋粉，煮约 8 分钟至熟。

5. 将煮好的螺旋粉和花菜、西蓝花、玉米粒盛在一起，淋上经典美乃滋即可。

## ●营养小知识

玉米中的营养主角是玉米胚芽，是玉米粒中营养价值最高的成分，富含延缓人体衰老的维生素 E，还有丰富的脂肪酸、蛋白质等多种营养物质。啃食玉米的时候千万不要漏掉里面的胚芽。